猫とさいごの
日まで
幸せに暮らす本

ちっちゃい
子猫だったキミは

あっという間に
大きくなって

たくさん遊んだり
イタズラしたり

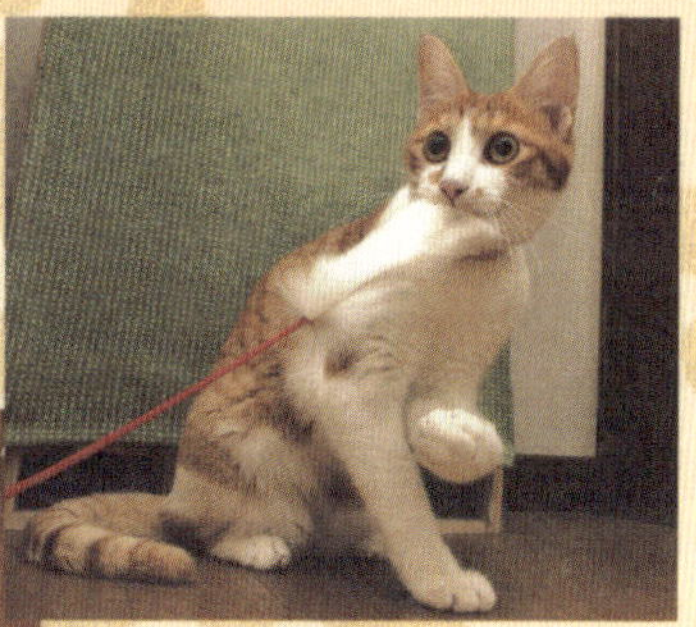

いつもそばにいてくれたね

そして今、
キミは
別の季節を
迎えようとしている

しっとり落ち着いた
秋の季節だ

これからキミに
何をして
あげられるかな？

それを考えてみたいと思うよ

はじめに

長い間、猫を愛する人たちは「猫に元気で長生きをしてもらうためにはどうすればいいのか」と模索し続けてきました。その課題はペットフードの開発や発展、獣医療の発達によって、さらには飼い主たちの努力と工夫によって達成できたといっていいでしょう。

今、私たちは、10歳になった猫が元気で暮らしていることを当たり前のことのように思っています。40年前には考えられないことでした。

猫が長生きをしてくれるようになり、猫の飼い主たちは大きな幸せを手にしました。

でもそれは、次の課題への始まりでもありました。それは、「猫の老後とどう向き合うか」ということです。長生きをした猫には必ず老いが訪れますが、猫が年老いたときの世話の仕方や、いずれ訪れる最期の看取り方についてのノウハウが、まだ出来上がっていないからです。これは、猫を愛する人たち全員で模索していくべき今後の大きな課題です。

シニアの猫を飼っている多くの人たちが最後まで猫と幸せに暮らせるよう、そして猫の最期を心安らかに受け入れられるようにと願って、この本を書きました。愛猫家にとっての今後の大きな課題をともに模索するための一助となってくれることを心から祈っています。

加藤由子

目次

PART 1 猫の一生を考える

PART 2 コミュニケーションと絆を不動のものに

PART 3

老猫の毎日の世話と環境づくり

PART 4

健康チェックとかかりやすい病気

PART 5

最期の看取り方

PART 1

猫の一生を考える

PART. 1

猫が長生きする時代、ゆえに猫は老いを迎える

長い間、猫の寿命は短かった

昭和50年代頃まで、猫の寿命は5年前後といわれていました。放し飼いが当たり前で、かつエサは家庭の残飯が当たり前という時代だったからです。事故や病気で長生きができない猫が多かったのです。犬や猫などの小動物を対象とする獣医療もあまり発達していませんでしたし、そもそも「猫の具合が悪いから動物病院に連れて行こう」と考える人はごく少数でしかありませんでした。

かといって、人々が犬や猫に愛情を注いでいなかったというわけではありません。犬も猫も大昔から人とともに暮らしてきました。ペットへの思いは昔も今も同じです。でも人々の暮らしはまだ貧しく、犬や猫のことを人間と同じように考える余裕も風潮もなかったといっていいでしょう。ペット飼育のためのフードも、さまざまなグッズも、現在のような獣医療もない中で、犬や猫を飼っている人たちは知恵を駆使し、できる範囲でできる限りのことをしながら、ともに暮らし続けてきたのです。

猫が長生きをし始めたのは最近のこと

高度経済成長期以降、日本が豊かになるに従って人々は、ペットにも人間と同じように豊かで快適な暮らしを与えたいと思うようになりました。ペットフードがスーパーマーケットで売られるようになり、トイレ砂や爪とぎ器などのペット用品が次々と開発され、「ペットは家族の一員」という言葉が普及しました。さらに室内飼いをする人が増え、動物病院を利用する人も増えました。

それにともない小動物の獣医療も飛躍的に発展しました。栄養バランスのいいフードと獣医療のおかげで、ペットの寿命は延び始めたのです。今、室内飼いの猫は15歳前後まで生きるのがふつうです。さらに長生きをする猫も多く、20歳以上の猫も決して珍しくなくなりました。

ただ、飼い主たちの「もっと長生きしてほしい」という願いが実現した今、私たちは、新たな局面を迎えています。それは、長生きをした猫にはいずれ老いが忍び寄り、老いゆえの病気を発症するということです。病気にならずとも、いずれ老衰で動けなくなるでしょう。どちらも介護が必要な状態になるということなのです。人間の高齢化社会と同じです。

昔は猫は放し飼いが当たり前で、感染症や交通事故で死んでしまうことが多かったため、寿命は短かった。

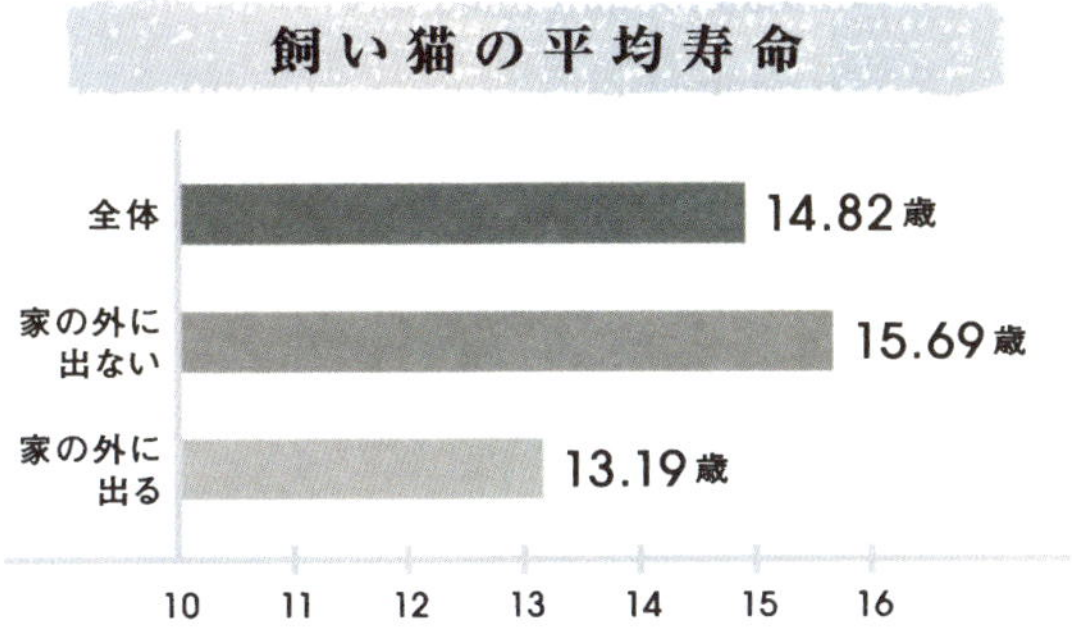

日本ペットフード協会・2014年統計より。放し飼いと室内飼いでは寿命に2歳半の差がある。

長生きをする猫のための飼い主の役目

猫が5年前後で生涯を終えていた時代には考えられなかったことが今、起きているといえます。放し飼いで猫の寿命が短かった頃、人は猫の老いに直面することも、猫の最期を看取ることもあまりありませんでした。事故で突然、亡くなるか、または動けなくなる前にどこかへ行ってしまうことが多かったからです。「猫は死に場所を探しに行く」とか「猫は自分の死を人に見せない」といわれていた時代でした。

ペットの飼育環境が向上した現在、室内飼いである限り猫はいずれ老いを迎え、かつ必ず飼い主のそばで死を迎えます。それは私たちの多くが経験してこなかったことです。だから、現代の猫飼育のノウハウとして、老いた猫との接し方や健康維持の方法、さらには最期の迎え方を新たに考え、模索しなくてはならないのです。

［猫と人の年齢換算表］

猫	生後2～3週（乳歯が生え始める）	生後3～6カ月（永久歯に生え変わる）	生後10～12カ月（性成熟に達する）
人	生後7～9カ月	5～12歳	15～18歳

猫	9歳	10歳	11歳	12歳	13歳	14歳
人	52歳	56歳	60歳	64歳	68歳	72歳

※猫の2歳は人間の24歳に相当。以後、1年に4歳ずつ加える。

今、猫が一生の中のどのあたりにいるのか

子猫はあっという間に大きくなります。でも飼い主は、猫をいつまでも「子ども」だと思いがちです。それほどに猫は、いつまでも無邪気で遊び好きで愛くるしいものです。でも猫は生後1年でもう「おとな」なのです。「おとな」とは性成熟を迎えているという意味で、人間なら高校生くらいに相当することになります。

では、猫が中高年から初老に向かうのは何歳頃からなのでしょう。いつ頃から猫の老後に向かっての心構えをしておく必要があるのでしょうか。猫が一生の中のどのあたりにいるのかを知る目安として、猫の年齢と人の年齢を比較した「年齢換算表」があります。標準的な成長過程を基準に比較したもので、たとえば猫の乳歯が生え始める生後2～3週は、人間の赤ん坊の乳歯が生え始める生後7～9カ月に相当すると考えます。あくまで目安ですからアバウトなものですが、猫のライフサイクルを知るには役立つはずです。

猫は人の年齢を追い越していく

猫が7歳を過ぎたら、もう若くないのだと考えましょう。10歳を過ぎたら老境に入りつつあると考えていいでしょう。飼い始めたときは赤ん坊だった猫が、いつの間にか飼い主を追い越して老いへの道を先へ先へと行ってしまうということを頭に入れておくことが大切です。

8歳	7歳	6歳	5歳	4歳	3歳	2歳
48歳	44歳	40歳	36歳	32歳	28歳	24歳

21歳	20歳	19歳	18歳	17歳	16歳	15歳
100歳	96歳	92歳	88歳	84歳	80歳	76歳

PART. 1

猫を飼うことは猫の一生を見届けること

いずれ送り出すことを前向きにとらえる

猫の寿命が延びたといっても、人間にくらべれば短いものです。家族の中で一番の「おチビちゃん」だった猫はあっという間におとなになり、あっという間に老いていき、おそらく家族の中で一番先に死を迎えます。飼い始めたときから、それを受け入れる覚悟をしておくことが必要でしょう。

「そんなことを考えたら飼えない」、「わかってはいるけど考えないようにしている」という人もいます。でも、ペットを飼うとは本来、その動物の一生を見届けると

元気いっぱいの子猫期、充実した成猫期を過ぎて、迎える高齢期。最後まで幸せな時間を過ごしてほしいもの。

いうことなのです。成長を楽しみ、ともに暮らすことを喜び、そして死期が近づいたことを認め慈しみ最期を看取り、納得して送り出す一連のことをいうのです。

その意味では、猫が生物的に可能な限りの寿命まで生きられるようになったといえる今、やっと完璧な猫飼育ができるようになったといえるのかもしれません。だからこそ、「いずれ送り出す」のだということを前向きにとらえてほしいのです。

充実した一生をしめくくるのが老後

自分の子どものような存在だった猫が死ぬのは辛いことです。でも、否定してはならないことです。この世に生を受けた生き物は必ず死んでいくものです。生まれて死んで、生まれて死んで、そうやって命は脈々とつながれていくのです。たとえ子孫を残さなくとも、存在したこと自体が次世代へとバトンを渡すのです。人間も同じです。

否定すべきは理不尽な死のみです。残された者に悔いの残る最期です。充実した一生がある限り、生をまっとうして死んでいくことは悲しむべきことでは決してなく、むしろ美しいことだと信じています。

大切なのは、どんな一生を送ったかということです。その一生をしめくくるのが老後です。猫の老後が、それまでと変わらず豊かで快適な暮らしであれば、猫は幸せな生をまっとうできるのだと思います。

猫の最期を看取るのは幸せなことであるはず

猫の老後に快適な環境を提供するのは、ともに暮らしてきた飼い主にしかできないことです。幸せで充実した一生を見届けるのも飼い主にしかできないことです。飼い主が納得できる死を猫が迎え、それを看取れることは幸せなことであるはずなのです。ともに暮らす幸せは、「最期を看取る幸せ」で完結すると考えるべきなのです。

PART.1

猫の老化の兆候を知ろう

ささいなことに老化の兆候が表れる

人間と違い猫は、「老けてきた」ことがなかなかわかりません。多くの猫は10歳になっても、若いときとまったく変わらないように見えます。でも、注意深く観察すると若いときとは違うことに気づきます。そのときから、老後に向かってのケアを心がけましょう。

10歳前後

まだ相変わらず元気ですが、
よく見るとしぐさなどに
老化の兆候が見られます。

座るとき前足が開く

なぜか前足が揃わず外股になっていることがある。

仰向けで寝なくなる

夏は仰向け大の字で寝ていたのに、しなくなる。いつも横向き。柔軟性がなくなるのかも。

歩くとき、おなかが左右に揺れる

おなかが垂れ下がってくる。太めの猫の場合、小走りをすると垂れたおなかが左右に揺れる。

12歳以上

だんだんと老いの兆候が見え始めます。
ただし個体差はあります。

痩せてくる

なでると背骨のゴツゴツが手に触るようになる。

寝ていることが多くなる

寝ている時間が、だんだんと長くなってくる。活動量が減る。

毛割れができる

毛が束になって分かれるようになる。フワッとしない。

column

人とともに生きることが猫の長寿を可能にする

猫は動物界きってのハンターです。獲物を待ち伏せ、体を低くして音もなく忍び寄り、チャンスを見計らって一気に獲物に飛びかかり前足の爪で押さえつけて急所に噛みついて仕留めます。それを可能にするのは鋭敏な聴覚と嗅覚、バネのようにしなやかで力強い筋肉と柔軟な体です。ですから、年を取って感覚が鈍くなり、さらに、しなやかで柔軟な体ではなくなった猫はもう狩りができません。野生の場合、それは死を意味します。狩りができなければ飢え死にするしかないからです。

野生動物が美しいのは、若くて元気なものしか存在していないからです。野生の世界には年を取っても生きていける方法はないのです。人に飼われた動物だけが、長生きをすることができるのです。

１４～１５歳以上

明らかに老いてきます。病気の兆候として、
行動に変化が表れる猫もいます。

反応が鈍くなる

遊びに誘っても乗ってこないなど、何かにつけて反応が鈍い。動くのが億劫だったり、好奇心が少なくなっているせい。病気になっていて動くと痛い可能性もある。

耳が遠くなる

若いときは掃除機をかけるとすっとんで逃げていったのに、近くで掃除機をかけても逃げなかったり、名前を呼ばれても知らん顔でいたりする。耳が遠くなることは反応が鈍くなる理由のひとつ。

寝る時間がさらに増える

寝る時間がどんどん長くなる。一日中ほとんど寝てばかり。２２～２３時間も寝る。

顔も年老いた感じになる

瞬間的に妙に老けた顔をすることがある。

15歳前後が本格的な老化の始まり

15歳くらいになると、多くの猫で老化の兆候がはっきりとしてきます。活動量が低下し動きが緩慢になり、反応も鈍くなります。また、何度も食事を要求したり、夜中に大きな声で鳴いたりと、認知症のような症状が出ることもあります。

人の食べているものを欲しがる

食べ物の嗜好が変わる。若いときには食べなかったものを食べたがるようになることもある。

何度も食事を要求することがある

それほど食いしん坊ではなかったのに一日に何度も食べたがったり、鳴いて催促したりする。

高いところに乗らない

高いところに飛び乗らなくなる。ジャンプする力がなくなったせい。

大声で鳴き続ける

夜中、部屋の隅などに向かって大きな声で鳴く。名前を呼ぶと「あれ？」みたいな顔をする。

爪が厚くなる

活動量が減り、かつ爪とぎの回数が減るせいで爪の更新が遅れ、爪が太くなってくる。

最後までQOLを保つために

QOLを保つとはどういうことか

猫が年を取って体が動かなくなっても最後まで幸せに暮らしてほしい、つまり最後までQOL（クオリティー・オブ・ライフ――生活の質）を保ちたいと誰もが思うことでしょう。でも、それをどうやって実現すればいいのかと考えると、わからなくなって不安になる人もいることでしょう。

難しく考えることはありません。長い時間をかけて猫との間に築いてきたお互いの気持ち、それを保つことだと考えればいいのです。飼い主が猫に対して抱いている気

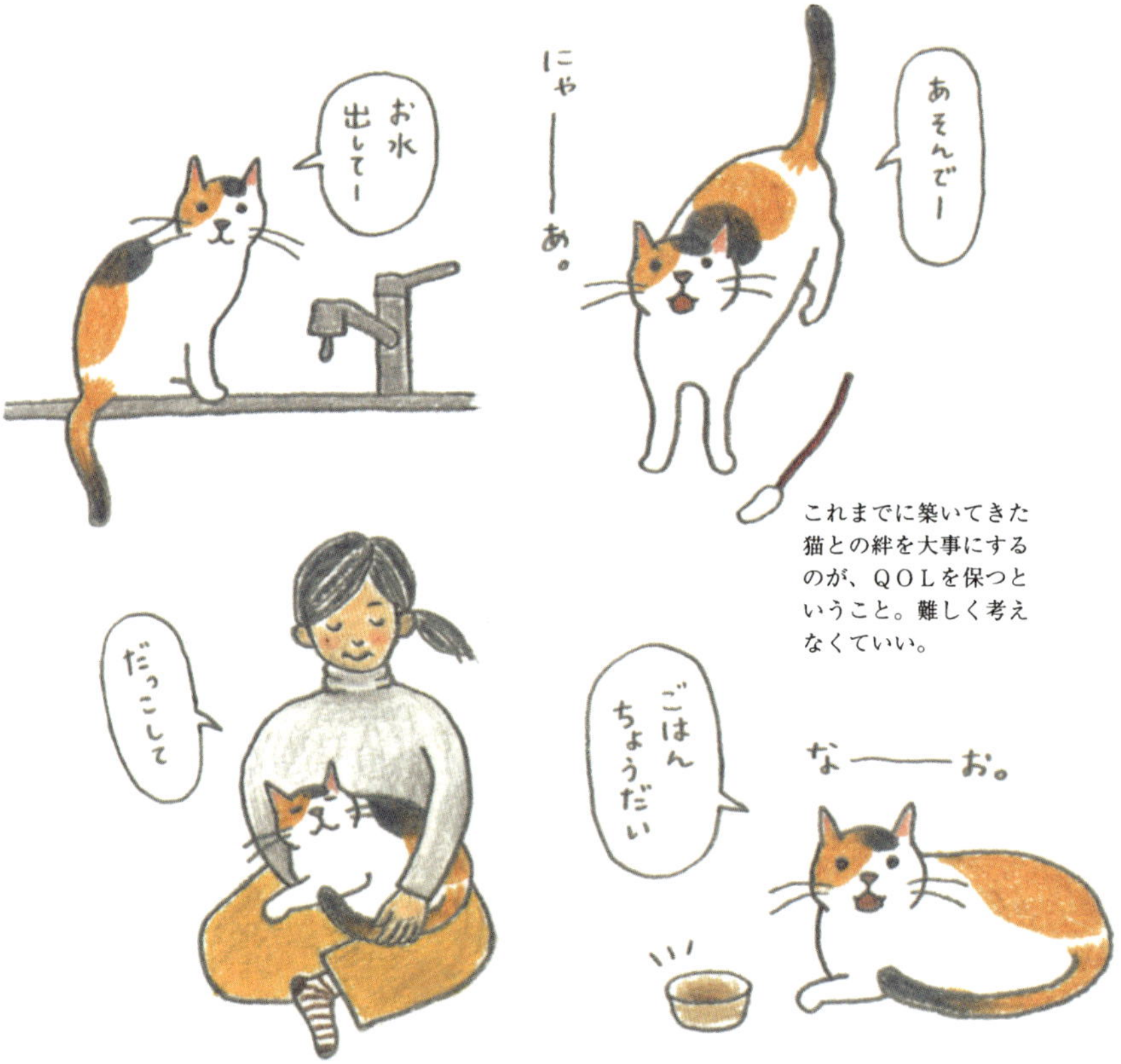

これまでに築いてきた猫との絆を大事にするのが、QOLを保つということ。難しく考えなくていい。

持ち、そして猫が飼い主に対して抱いているであろうと思える気持ちを持続させる方法を考えればいいのです。その方法が昔とは違ってくるということなのです。お互いに昔と同じ気持ちでいられるような接し方の形を新たに編み出すこと、それがQOLを実現するということです。

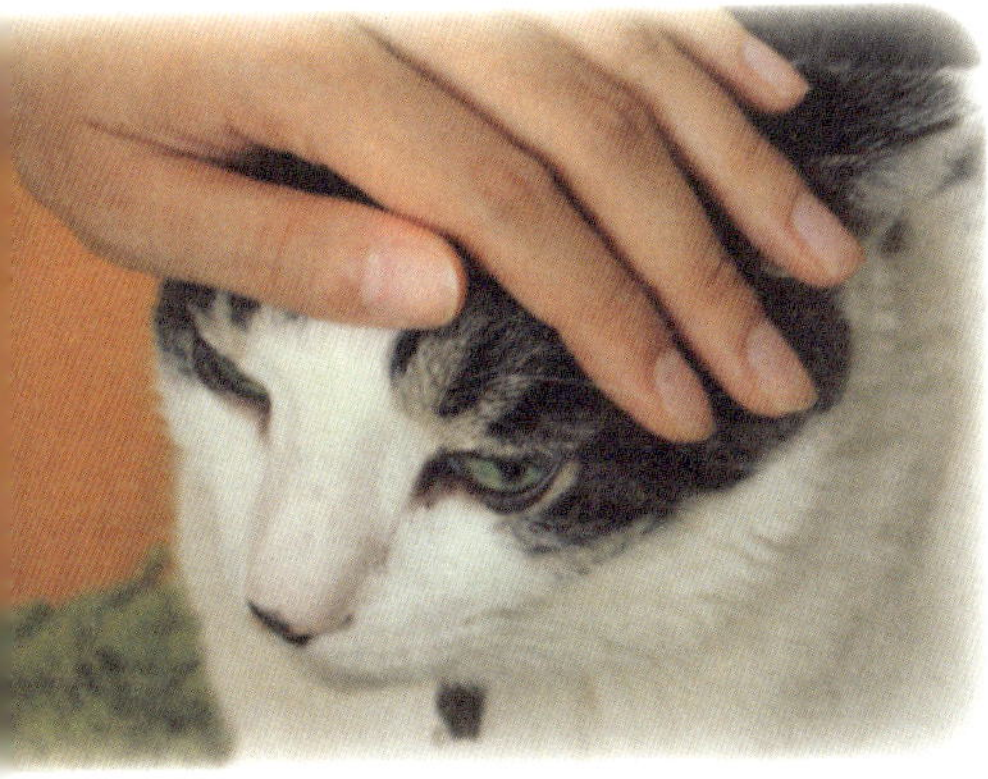

シニアになっても猫には飼い主を親のように慕う気持ちがある。猫との時間を大切にしたい。

時間をかけて築いてきた付き合いがベース

猫と飼い主との付き合い方は家庭によってさまざまです。100組の飼い主と猫がいれば100通りの付き合い方があるものです。飼い主と猫との組み合わせによって、付き合いの形はそれぞれに違うからです。

猫を飼ったとき飼い主は、トイレのしつけや食事の用意などのさまざまな世話を通して付き合いの形を築き始めます。その猫の癖を知り、その癖に飼い主それぞれのやり方で対応し続けていくことが独自の付き合いを形作ることになるのです。ただ飼い主は世話をすることに一生懸命なあまり、それに気づかないだけです。「猫はみんな、こういうもの。飼い主もみんなこうしているもの」と思いながら実は、世界中のどこにもない独自の絆を創造しているのです。

「ゴハンがほしい」、「抱っこしてほしい」、「遊んでほしい」、「椅子に乗りたいからどいてくれ」、「ドアを開けてくれ」と、人の都合を無視した要求の連続に飼い主は楽しくも振り回され続けます。でも猫は、「要求をきいてくれる」と信じているから要求するのです。そして、そう信じる猫に育てたのは飼い主です。家庭によって、いろんな要求と要求への応え方があるはずです。その「あうん」の呼吸、それが世界にひとつしかない関係なのです。その関係の基盤にあるお互いの気持ちを大切にすることを考えればいいのです。

PART.1

手がかからなくなったときがターニングポイント

「老いの始まり」にはなかなか気づけない

猫と暮らすということは「手がかかる」ことです。飼い主側から何かをするというより、猫の要求に従って飼い主が動いているようなところがありますから、「手がかかる」は実感だと思います。それがある日、「手がかからなくなった」と気づきます。寝ている時間が多くなるせいで要求がなくなり、朝夕の食事とトイレ掃除以外、何もすることがなくなっていることに気づくのです。そのときが、猫の「老い」に本当に気づく日ともいえるでしょう。猫の要求に従って動いてばかりいた飼い主は「手がかからなくなった」ことに、すぐには気づかないものなのです。

受け止める関係から寄り添う関係へ

「そういえば最近、手がかからなくなった」と思ったとき、そのときが猫の老後のＱＯＬを考えるターニングポイントだと考えましょう。猫の要求があって成り立っていた関係から、飼い主が積極的に気持ちを投げかける関係へと変えていきましょう。

「猫をかまう」という意味ではありません。猫が飼い主に抱いているであろう気持ちに寄り添うという意味です。猫の気持ちを受け止めることがメインだった暮らしから、猫の気持ちを察して汲み取る暮らしへと変えていくという意味です。

性格を知っているから猫の気持ちに寄り添える

一日中、寝てばかりになった老猫を他人が見ても、どんな性格なのかはわかりません。でも昔からいっしょに暮らしてきた飼い主なら、その猫独特の要求を理解し応えてきた飼い主にならわかります。寝たまま目を開けて飼い主を見つめているだけの猫が、どんな気持ちでいるのかがわかり、どんな愛情を望んでいるのかがわかります。その気持ちに応えればいいのです。

声をかけるのがいいのか、なでるのがいいのか、静かに抱いているのがいいのか、それとも、ただそばにいるだけがいいのかを判断すればいいのです。

そうやって猫の気持ちに寄り添う時間は、その猫が自分にとってどんな存在であったのかを考える時間にもなるはずです。その穏やかな時間は、猫が若かったときとはまた違う心の交流をもたらすはずです。そう遠くない将来に最期のときが来ることを受け止める時間にもなるでしょう。それが老後のケアとＱＯＬに向かっての出発点なのです。

寄り添うことからケアが始まる

猫からの要求がなくなると、忙しさにかまけてつい猫を放ったらかしにしがち。そばを通るときは、こまめに声をかけよう。ちょっとだけでも体を触ろう。そうやっているうちに猫が若かったときとは違う付き合いの形ができてくる。何をしてあげればいいのかも、だんだんとわかってくる。

一日に一度は仕事をさぼる時間をつくろう。猫のそばでゆっくりと過ごそう。好きだった癖を思い出そう。それができる時間を積極的につくってあげよう。

自分の猫との歴史に思いを馳せる

遊ばなくなり寝ている時間が長くなっても、消えない習慣があるものです。たとえば、おなかが空いたときにはフードが入っている引き出しの前に座り、飼い主と引き出しとを交互に見るとか、ウンチをするときは片方の前足をトイレの縁の上に置くとか、飼い主の布団に潜り込むときには必ず右側にやってきて飼い主の枕を超えて左側から布団に入るといった、長い間に形作られた〝癖〟のような行動です。

猫は成長とともにいろんな〝癖〟をつくり出しますが、その〝癖〟は変化したり消えてしまったりします。最後まで残している〝癖〟に、その猫の個性が表れているといえるでしょう。そしてその個性は、飼い主やその家族との組み合わせゆえにできたもので、大切な歴史そのものでもあるのです。

世界に1匹だけの存在である自分の猫との歴史をたどり確認しながら、穏やかで幸せな日々を実現させてほしいものです。

column

「猫は死に場所を探しに行く」といわれていたのはなぜ？

放し飼いが当たり前だった時代、体調をくずした猫は、どこか静かな場所でジッとしていたいと思い、物置の隅や縁の下などに行って寝ていたのでしょう。元気になって帰って来る猫もいれば、そのまま亡くなった猫もいたはずです。そして、その死体が後に発見されることがたびたびあったのだと思います。だから人々は「猫は死に場所を探して家を出て行く」と言ったのでしょう。猫が多くの時間を家の外で過ごしていた時代の話です。

現代の室内飼いの猫は、安心できる場所が家の中にありますし、飼い主への信頼も強いので、具合が悪くても外に出て行きたいとは思いません。体調が悪いときの不安な気持ちを飼い主に癒やしてほしいと感じています。飼い主を母猫のように思っているからです。

PART 2

コミュニケーションと絆を不動のものに

PART.2

老猫と接するときの心構えとは

猫が何をしたいのか、想像力を働かせる

若い猫は、飼い主にしてほしいことを積極的に要求します。たとえば、おなかが空けば飼い主につきまとって食事を要求したり、食器の前で鳴き続けたりします。

ところが年を取るにつれて、積極的な「働きかけ」が減ってきます。おなかが空いても食器の前にただ座っているだけとか、部屋から出たくてもドアの前に座って待っているだけになったりします。

長い間、猫の要求や催促に従っていろんな世話をしてきた飼い主にとって、このサインは見逃しがちです。複数の猫を飼っていて、ほかの猫の要求に追われている飼い主は特にそうです。気づかないまま、無視をすることにもなりかねません。猫が年を取るにつれ、飼い主は想像力を働かせることが必要になってくるのです。

寝ていた猫が起きて動き始めたら、とりあえず観察しましょう。そして「何をしたいのだろう?」、「何をしてほしいのだろう?」と考えてみてください。何を求めているのかを見抜けるのは、長い年月をともに暮らした飼い主だけです。

寝ている時間が多くなるシニア猫は、飼い主との時間が少なくなりがち。一日に一度は同じ時間を共有したい。

猫の動き方のペースを知る

猫は狩りに関する動きは俊敏ですが、その他の行動は妙に決断が遅いことがあります。人が寝ている布団に入りたいとき枕元でいつまでも考えていて、なかなか入ってこなかったり、ひざに乗ろうとしているのにグズグズと考えていたりするものですが、年を取ると、この決断の遅さに拍車がかかります。だから、飼い主の動きとのタイミングがずれてしまうことがあるのです。

たとえば、椅子に座っている飼い主を見て、猫がひざに乗ろうと思ったとします。でも決断も動きも遅いので、やっとそばまで来たときには飼い主が気づかないまま立ち去っていくということが少なくありません。悪気のないこととはいえ、取り残された猫の気持ちを考えるとかわいそうです。

猫がどこにいて何をしようとしているかに目を配ることが必要です。そして猫の動きのタイミングに合わせた動きを心がけましょう。

同じ時間を共有できる工夫をする

寝ている猫を見ると、「そっとしておいてあげよう」と思うのは心情です。でも、一日のほとんどを寝て過ごすようになったシニア猫の場合、下手をすると〝放ったらかし〟になってしまいます。

「寝てばかりいる」と思うようになったら、一日に一度、猫と同じ高さの目線を共有する時間をつくりましょう。たとえば猫が床に寝ているのなら、そばに行って床に座ったり寝そべってみたりするのです。猫と同じ目線を共有するとき、いつもとは少し違う連帯感が生まれるものです。その連帯感は、同じ時間を共有しているという実感につながります。そして、ともに時の流れに身をまかせるとき、老猫への愛情が熟成します。

老猫の気持ちを考える

年を取っても気持ちは ずっと子猫のまま

飼い猫は、いくつになっても気分は子猫のままです。飼い主が母猫のように面倒をみ続けるせいで、おとなの気持ちになるチャンスがないからです。野生の場合は、成長すると母猫になわばりから追い出されますから、厳しい世界で生き抜くために嫌でもおとなにならざるを得ません。でも本当は、いつまでも母親に甘えながら暮らしていたいのです。言い換えれば、もし母猫が追い出さなかったとしたら、おとなになる必要はなく、ずっと子猫の気持ちをもち続けるということなのです。

母猫のような飼い主は猫を追い出すことなどありません。だから死ぬまで子猫のつもりで過ごします。どんなに年を取っても、猫は飼い主を母猫だと思っています。気持ちはずっと子猫のままです。それを忘れないようにしましょう。

column

なぜ母猫は子猫を なわばりから追い出すのか

自然の環境下の場合、母猫は子猫が十分に成長すると自分のなわばりから追い出します。「子別れ」といい、これを機に子猫は単独生活を始めるのです。

子別れの時期になると、母猫は子猫を激しく攻撃します。子猫はその攻撃に耐えられず、仕方なくなわばりから出ていきます。一見、非情なことに思えますが、自然界ではこれが単独生活をする動物たちが生き延びるための方法です。同じなわばり内に親子がいつまでも住み続けたら、いずれエサとなる獲物を食べ尽くして共倒れをすることになります。それを母猫は本能的に知っているのです。だから子猫を追い出すことで、子猫たち独自のなわばりをつくらせようとするのです。母猫はなわばりに残り、次の出産に備えます。出ていった子猫たちは、それぞれのなわばりをつくり、そこで子孫を残します。それが、全員が生き延びる可能性の一番高い方法なのです。そして、「子別れ」によって子猫は精神的に自立し、おとな猫としての道を歩み始めることになるのです。

静かな場所で過ごしたい

若い猫は部屋のど真ん中に無防備な格好で寝ていたりするものですが、年を取ってくると変化してきます。部屋の隅や家具の裏、ベッドの下などで寝るようになります。おそらく、迅速な反応ができなくなったことに対する防衛本能なのでしょう。耳が遠くなり体の動きが緩慢になってくると、イザというとき迅速に反応できません。だから「守り」に入ろうするのでしょう。どこかに「こもる」ことで安心を得ようとするのです。若い猫も具合の悪いときは狭い場所に入り込んでジッとしていたがるものですが、それと同じ心理です。人をこばんでいるわけではなく、安全な場所で穏やかに過ごしたいと感じているのです。

元気な猫には遠慮しちゃう

若い猫と同居している場合、老猫は若い猫に遠慮しているかのような態度をとることが増えてきます。まるで「優先権を譲った」ように「ひく」のです。寝ているところに若い猫が来ると、起き上がって別の場所へ行ったり、飼い主といっしょにいるところに若い猫が来るとプイとどこかへ行ったりします。若い猫は言ってみれば傍若無人で強引ですから、その勢いに、つい「ひいて」しまうのかもしれません。騒々しいともいえる“元気さ”が「わずらわしい」のかもしれません。

飼い主に抱かれているとき、若い猫がどこにいるのかキョロキョロと探し、近くにいないことを確認していることもあります。体力の差による力関係も影響しているのでしょう。複数で飼っている場合、猫どうしの間には微妙に変化する力関係があるものです。若い猫が優位になってきたと感じたら、老猫の立場を守るための配慮も必要です。

PART.2

スキンシップの基本は「待ち」の姿勢

8歳を過ぎた頃から性格が変わる猫もいる

抱っこが嫌いな猫や、知らない人を怖がって来客があるとどこかへ隠れてしまう猫はいるものです。でも、そういう猫の性格は一生、変わらないというものでもありません。8歳を過ぎた頃から変化することがあるのです。抱っこが大好きになったり、客に愛想がよくなったりすることもあります。性格がまるくなるせいなのか、感覚が鈍くなるせいなのか、正確なところは、よくわかりません。

いずれにせよ、人との接触を好むようになった場合は、大きなチャンスだと思ってください。抱っこが好きになったのなら、抱っこの時間を増やしましょう。クシ入れを嫌がらなくなったのなら、毎日グルーミングをしましょう。客人を怖がらなくなったのなら、いろんな人に触ってもらいましょう。老後のスキンシップのための基礎づくりになるはずです。また、加齢にともない動物病院での受診が必要になる機会が増えることでしょう。そのときのための準備にもなるはずです。

同居猫との関係が猫の性格を変えることも

反対に、かまわれるのを嫌がる

若いときは臆病だった猫が、シニアになると人懐こくなるなど、性格の変化が起こることもある。

ようになる猫もいます。昔は好きだった頬ずりや抱っこを嫌がったり、グルーミングを嫌がったりします。「わずらわしい」と感じるのでしょう。その気持ちは尊重する必要がありますが、「嫌がるから、そっとしておこう」とかまわないでいると、そのまま人とのコンタクトを取らない猫にどんどんなっていきます。特に、若い猫に遠慮する猫の場合はそうなりがちです。

そういうときは、「老猫優先」の方法をとってみましょう。たとえば、夜、若い猫だけが飼い主のベッドに来て老猫は来ないという場合、まず老猫を抱いてきていっしょに寝ます。その後、若い猫がやって来ると老猫は出て行くということにもなりますが、それでも毎晩、老猫をベッドに連れて行くのです。そのうち「ベッドでの力関係」が変化することは十分にあります。そしてそれが、すべてにおいて遠慮していた老猫が元気を取り戻す結果につながることもあるのです。

猫のペースに合わせたスキンシップ法を探そう

いずれにしろ、老猫とのスキンシップの基本は「待ち」の姿勢です。飼い主から働きかけるのではなく、猫がやって来るのを待って受け入れるという意味です。抱き上げようとすると嫌がる猫も、居心地のよさそうなひざがあれば自分から乗ってきます。乗りやすい体勢をとって猫を待ちましょう。

床やソファーに寝そべって猫が胸の上に乗るのを待つのも方法です。猫が胸の上に乗っても手を出さず、猫のしたいようにさせておきます。猫が勝手に昼寝をするだけにとどめ、要するに飼い主は「よき昼寝場所」に徹するのです。

ひざや胸の上の「よき昼寝場所」が定着すれば、座っていたり寝そべっていたりする飼い主を見つけてイソイソとやってくるようになります。近づいてくる間、手でひざや胸を「ポン、ポン、ポン……」とたたくようにすれば、それが「おいで」の合図としてインプットされ、離れた場所からでも聞きつけてやってくるようになります。

無理強いしない、猫の自由意志にまかせた穏やかなスキンシップ法を探してください。猫のペースに合わせた、ゆっくりとした時間を心がけていれば、それはきっと見つかります。猫が満足する方法に変えていくことが大切です。猫が満足し安心できる方法を新たに編み出してください。

猫といっしょに眠る方法

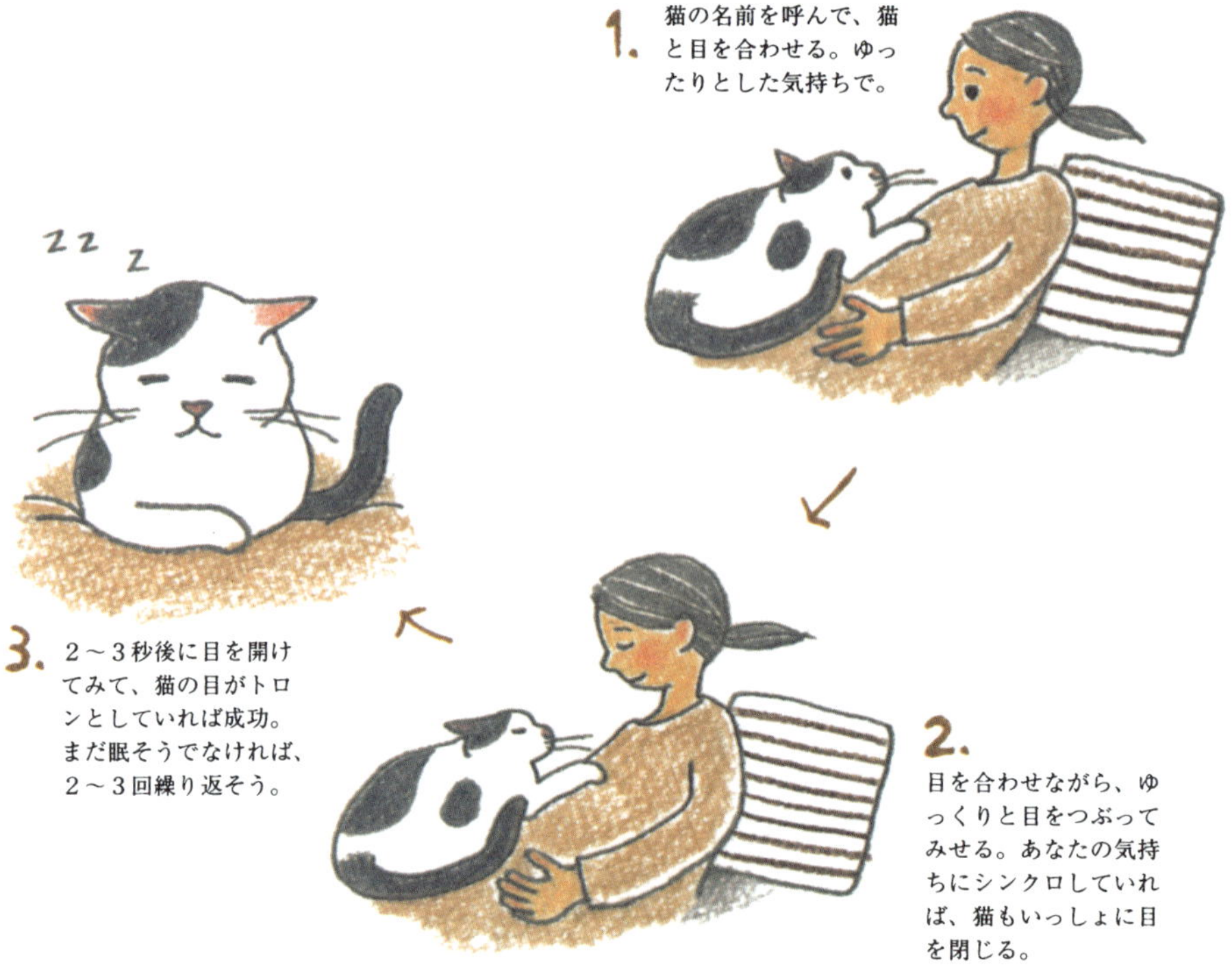
1.
猫の名前を呼んで、猫と目を合わせる。ゆったりとした気持ちで。
2.
目を合わせながら、ゆっくりと目をつぶってみせる。あなたの気持ちにシンクロしていれば、猫もいっしょに目を閉じる。
3.
２～３秒後に目を開けてみて、猫の目がトロンとしていれば成功。まだ眠そうでなければ、２～３回繰り返そう。
Z Z Z

「よき昼寝場所」でのスキンシップ

寝そべった胸の上を「よき昼寝場所」にすることは、飼い主にとって楽しいスキンシップ法にもなります。テレビを観るときのように枕やクッションで首を起こし気味にしておけば、猫が飼い主の顔の前に自分の顔を向けて乗ることがあるからです。顔と顔をうまく突き合わせることができます。

声をかけながら目と目を合わせましょう。次に飼い主はゆっくりと目をつぶり、2~3秒後にゆっくりと目を開けます。これを2~3回繰り返すと、猫もジワーと目を閉じます。「眠りそうになっている」飼い主の穏やかな気持ちが猫に伝わり、猫も眠たくなってくるのです。「眠れ~、眠れ~」の信号だと思ってやってください。そして猫が寝入ったら、人間もいっしょにひと眠りしましょう。それが猫にとって最高の「よき昼寝場所」を提供する方法です。猫はいじくられることなく、好きなだけ眠ることができます。

ちなみに、寝転がる前にテレビのリモコンや電話の子機、携帯電話など必要なものを身の回りに集めておくことが必要です。ゆっくりと過ごすための準備です。

おでこに手を当てるスキンシップ

猫がひざの上を「よき昼寝場所」にしたときは、飼い主はやや手持ち無沙汰です。猫が寝やすい体勢を保ち続けるのも、ひと苦労でしょう。

手のひらで、猫のおでこを中心に顔を優しく覆ってみてください。意外なほど猫がリラックスします。子猫時代の、母猫の胸に抱かれていたときの気持ちを思い出すからです。

子猫はオッパイを飲むとき、母猫のおなかにおでこをくっつけています。そしておなかがいっぱいになったあとは、そのまま眠ってしまいます。おでこを中心に顔全体が柔らかくて温かいおなかに密着した状態、それは安心と満足そのものなのです。それは、いくつになっても変わりません。飼い猫はいつまでも子猫気分を残しているのですから、なおさらです。密着の感触を楽しむかのように、手のひらに何度も顔を押しつけてくる猫もいます。そして感触を十分に満喫したあと、大きな息を吐いて眠りに落ちます。子猫時代とまったく同じです。

物理的な接触だけがスキンシップとは限らない

ちょっと声をかけるだけ、これも立派なスキンシップです。物理的な接触がなくても、飼い主の声ならスキンシップと同じ効果を得ることができます。お互いの気持ちが通じ合い穏やかな空気を共有できる方法はすべて、広い意味でのスキンシップだといえます。

寝ている猫のそばを通るときは、ひとこと声をかけましょう。飼い主の声に反応して「ニャ」と口だけを開けて応えたり、前足の先をニギニギと動かしたりするとき、猫は物理的なスキンシップを受けたときと同じ気持ちになっています。

飼い主に時間がないときの手軽で効果的な方法です。

PART.2

愛情マッサージをしてあげよう

スキンシップの発展としてのマッサージ

哺乳類の子どもはみな、スキンシップを心の栄養として育ちます。母親の温かい体との接触で安心し、体がリラックスした状態になるのです。体がリラックスすると血圧や脈拍が下がり、消化液が分泌されます。子どもは成長ホルモンも分泌されます。高等な動物ほど、スキンシップがなければ正常な成長や発達は望めません。猫も同じです。

野生の猫は、おとなになると単独で暮らすようになり、スキンシップなしでも生きていくことがで

頭部のマッサージ

首の後ろ側から頭の上、さらにおでこまで指の腹で押していく。気持ちのいいところは人間と同じ。

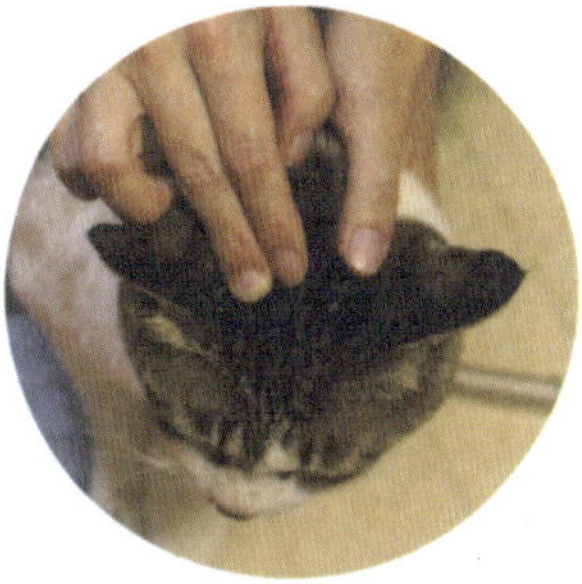

目のマッサージ

眼窩(眼球の周りにある骨)の縁を中指の腹でグルリとマッサージする。

人も猫も、ツボの位置は基本的には同じ。背骨の左右にはツボが密集しているので順に押してあげるといい。

きますが、飼い猫はいくつになっても子猫の気分のままですから、子猫と同じようにスキンシップを必要とします。また、母猫は子猫の体をなめまわします。それはマッサージをしているのと同じです。母猫の舌よりもっと効果的なマッサージをしましょう。体の調子を整えてくれ健康維持に役立ちます。

ツボの場所は基本的に人間と同じ

効果的なマッサージとはツボを考慮したマッサージです。ツボの場所は人間と同じと考えてかまいません。自分で自分をマッサージするとき、「気持ちがいい」と感じるところがツボで、猫のツボも基本的に同じ場所です。そこを指の腹で優しく押せばいいのです。正確な場所がわからなくても「このあたり」と思えるところを、指を少しずつずらしながらまんべんなく押してみてください。猫が気持ちよさそうな顔をするところがあるはずです。そこがツボです。強すぎず、かつ弱すぎず、猫の表情を見ながら力加減を習得してください。

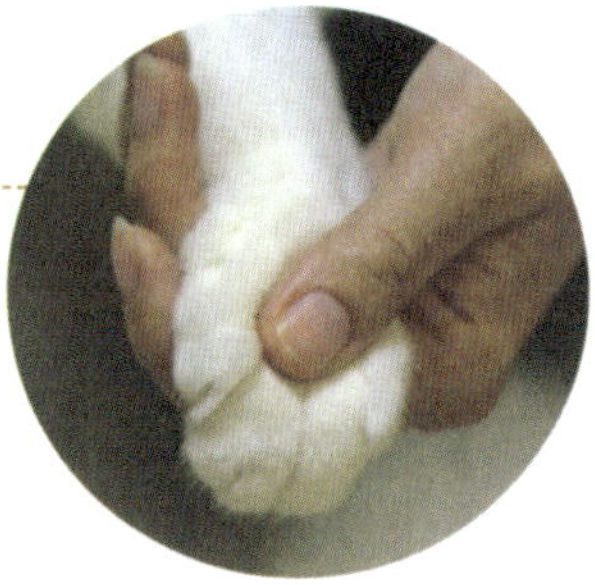

肉球のマッサージ

肉球と指を、親指と人差し指ではさんでマッサージ。

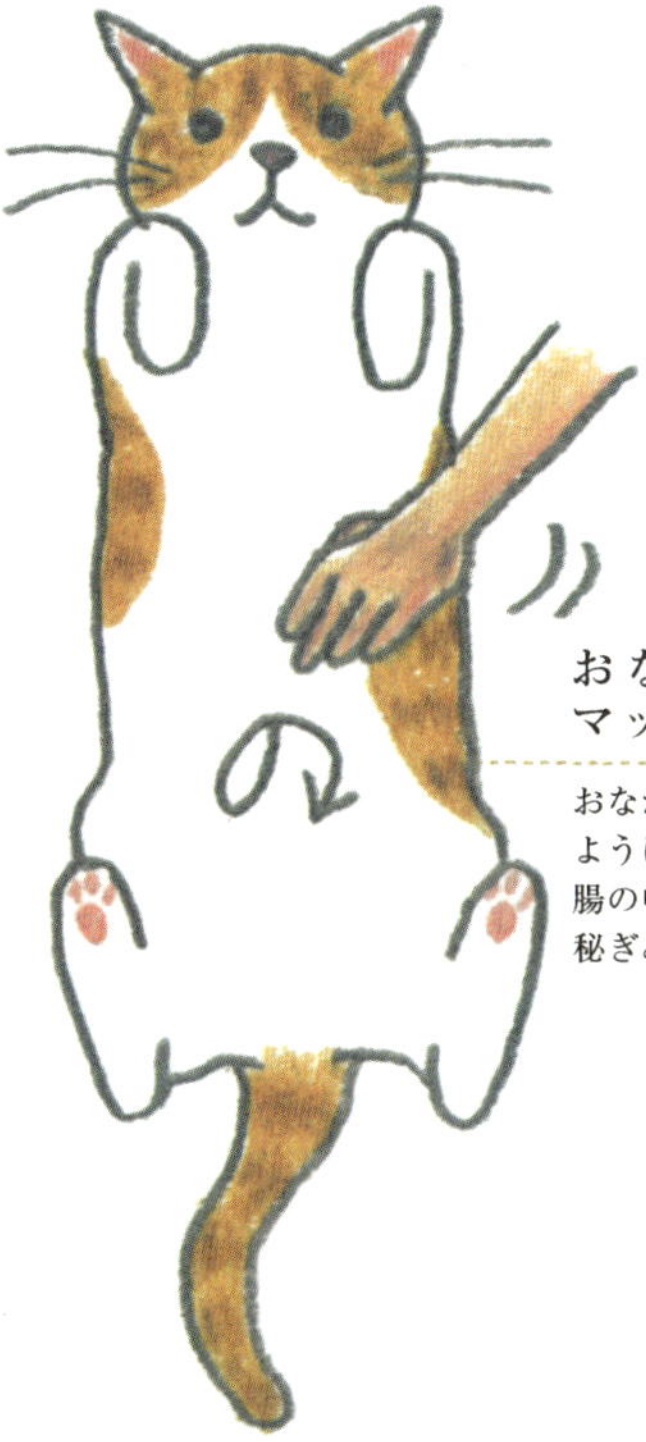

おなかのマッサージ

おなかを、「の」の字になるようにマッサージ。それが腸の中身が流れる方向。便秘ぎみの猫に有効。

猫も肩が凝っている

甘ったれの猫ほど、立っている飼い主をしょっちゅう見上げているものです。飼い猫ゆえのしぐさで、猫本来の姿勢ではありませんから、言ってみれば「無理な姿勢」です。肩や首の周りが凝っていると考えていいでしょう。

ただし、猫には人間のような肩がありませんので、人と同じような肩もみはできません。首の周りと左右の肩甲骨の間をマッサージします。

人と猫の肩甲骨の違い

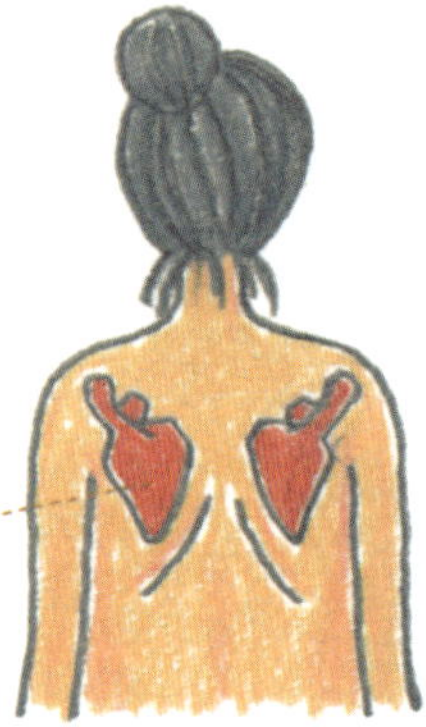

人

左右の肩甲骨は背中に並んでいるように見える。

猫

私たちのような鎖骨がないので、左右の肩甲骨が体の側面に沿ってついているように見える。

肩のマッサージ

首の後ろ側から親指と人差し指で首をはさむようにしてもむ。

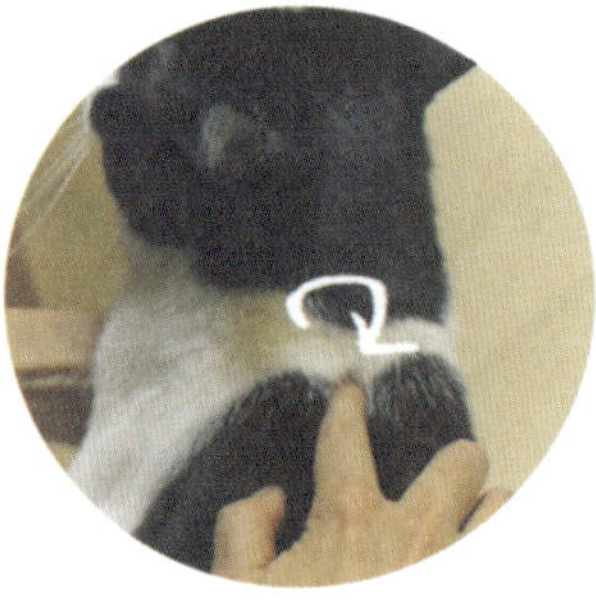

左右の肩甲骨の間を人差し指で円を描くようにしながらもむ。

特に触って確認したいところ

首や脇、後ろ足の付け根にはリンパ節があり、ここが腫れているときは体に異変があるとき。触りながら確認したい。乳腺腫瘍の早期発見のために乳首の周りもチェック。

マッサージで体の異変を見つけることもできる

毎日、マッサージをしていれば、体の異変を早期に見つけることもできます。痛がる場所がある場合やしこりがあるという場合などです。「いつもと違う」と気づくことが、病気の早期発見につながります。いつもと違うことに気づく、それは普段の状態を知っていなければできないことで、飼い主にしかできないことです。

36〜38ページを参考に、頭の上から順にマッサージを始めてください。また、脇の下や首、後ろ足の付け根(内股)のリンパ節のある部分も触ってみてください。リンパ節が腫れていないかどうかのチェックで、がん(悪性腫瘍)などの病気の発見に役立ちます。皮膚にかさぶたができていないか、毛がはげている箇所がないかどうか、おなかや乳首の周りにしこりがないかどうかもマッサージしながら確認してください。皮膚がんや乳腺腫瘍のチェックになります。

体じゅうのマッサージを一度にやってしまう必要はありません。猫が嫌がるようなら、その時点で止めて、何回にも分けてやってください。ただし猫が嫌がる理由は、力が強過ぎるか、または痛いところがあるからですから、嫌がる理由を見つけてください。どこをマッサージしても嫌がるのであれば力加減が原因でしょう。特定の場所を嫌がる場合は何か病気が原因かもしれません。その点を頭に入れながら、上手なマッサージ法をマスターしつつ、病気発見に努めましょう。

いくつになっても猫は遊び心を失わない

狩りの衝動を満たすことは楽しいこと

猫は狩猟本能をもって生まれてきます。その本能は、「動くものを見ると捕まえたくなる」という衝動として表れます。子猫が動くものにじゃれつくのは狩りの衝動ゆえの動きです。そして本能的な衝動とは、満たされると快感があるものです。それは、その動物に必要な動きをさせるために自然の仕組みが与えた〝ごほうび〟なのです。快感、つまり「楽しい」という〝ごほうび〟があるからこそ子猫は夢中でじゃれつきます。楽しくて夢中でやっているうちに、狩りのための動きが上手になっていくのです。「楽しく遊んでいるうちにその動物に必要な動きが上達する」、これも自然の仕組みです。

猫の遊びは狩りの再現

野生の猫はおとなになると、上手になった狩りの技術を駆使して食糧を獲得します。狩りの衝動は日々、実際に狩りをすることで昇華されます。

ところが、飼い猫には狩りの必

猫がじゃらし遊びに夢中になるのは本能ゆえ。それは年を取っても変わらないから、本能を満たしてあげたい。

要がありません。でも狩りの衝動はあります。だから、飼い主の振る〝じゃらし棒〟を獲物に見立てて「嘘っこの狩り」をするのです。本当の狩りではなくても、狩りの衝動を満たすこと自体が楽しいからです。それを私たちは「遊び」と呼んでいるわけです。

いくつになっても飼い猫は遊ぶ

よく「動物はおとなになると遊ばない」といわれますが、そんなことはありません。野生の場合、本能的な動きのすべてが生活そのものになるだけで、狩りの衝動を満たすための「遊び」をする必要がなくなるというだけのことです。生きるのに精一杯で遊ぶ時間などなくなるのだともいえるでしょう。

猫である限り、いくつになっても狩りの衝動はあるはずです。ということは、狩りの必要のない飼い猫はいくつになっても「遊ぶ」ということになります。年を取り、若いときのようなエネルギッシュな動きができなくなっても、「遊び心」はずっともち続けています。それは体が動かなくなるまで続きます。

「もう年だから遊ばない」と思わずに、遊ぶ時間を大切にしましょう。エネルギッシュな動きではなくても、狩りの衝動をくすぐる遊び方はあります。飼い主といっしょに遊ぶ楽しさを知っている猫は、〝狩りの動き〟とは関係なく「遊び心」を進化させていますから、「じゃらす」という行為にこだわらなくても、「遊び心」を引き出すことはできます。

大切なのは、猫の気持ちを「遊びモード」に切り換えさせることです。猫が「遊びモード」に切り換えているかどうかは、飼い主が見ればわかるはずです。遊び方は変わっても昔と変わらぬコミュニケーションをはかりましょう。

PART.2

老猫が喜ぶ遊び方

若い猫がいないところで遊ぶ

若い猫が近くにいると、シニア猫はなかなか遊ぶことができません。若い猫のほうが必ず先に手を出しますし、激しく動き回りますから気をそがれてしまいます。若い猫がいない場所で、ゆっくりと遊びましょう。

静かな遊びを考える

猫があまり動かなくなってきたら、寝転がったままでできる遊びを考えてください。市販の猫のオモチャを使わなくても、身近にあるもので十分に遊べます。

キャッチボールを楽しむ

紙クズを丸めて猫の目の前に置いてみる。猫が前足で転がしたら、次は人が転がして猫の目の前に戻す。うまくいけば、ゆるいキャッチボールができるかも。

ヒモで遊ばせる

走ったりジャンプしたりが嫌になっても、動くものには手を出したい。使うのはヒモでいい。ゆっくりと動かそう。

遊びとは思えないことも遊びになる

遊びらしい遊びには乗ってこなくなったときは、まったく違う遊び方を編み出しましょう。猫は不思議な癖が習慣化する生き物です。その癖を利用するのです。たとえば、意味もなく飼い主について歩く癖がある猫なら、いっしょに家の中を歩き回って散歩をしましょう。掃除機をかけるとついて回る癖があるなら、掃除機といっしょに楽しい散歩をしてください。押し入れやクローゼットを開けると必ず入り込もうとする猫なら、不必要な片づけでもしながら、しばらくの間、猫に自由な探索をさせましょう。若いときは「邪魔だからどいて」と阻止していたことを、今度は「遊び」として積極的に取り入れるというわけです。

何かに興味をもつことが若さと元気を保つ秘訣であることは、人間も猫も同じです。興味を示すものがある限り、好奇心を満たす工夫を心がけましょう。

どうやっても乗ってこない猫の場合

何をやっても遊びに乗ってこなくなる猫もいます。その場合は抱いて窓の外を見せてください。いつもの猫の目線よりも高いところから見せると興味を示します。抱っこを嫌う場合は、危険のない「お立ち台」をつくるといいでしょう。

猫と遊ぶということは同じ時間を過ごしているという実感をもつことでもあるのです。同じ時間を過ごしているという実感がコミュニケーションの原点です。

寝転がったまま

激しい動きは望まない。寝そべったままの遊びでかまわない。

鼻の頭でリズムをとる

じゃらすことにこだわる必要はない。人差し指でリズムをとりながら鼻の頭をチョンチョンと。歌を歌いながらやるのもよし。遊びだとわかれば猫は喜ぶ。

体の手入れで健康を保とう

年とともに飼い主の手入れが必要になる

猫はきれい好きだといわれます。本来、短毛種であれば定期的な爪切り以外、手入れはあまり必要がない動物です。でも年を取ってくると、自分でやるグルーミングだけでは足りなくなります。若いときほど体をなめなくなるせいもありますが、毛が束になって分かれた状態になってフワリとはなりません。また、爪とぎの頻度が減りますから爪の更新が遅れ、爪が伸びすぎてしまいます。

飼い主が、グルーミングの手助けをすることが必要です。いつま

コーミングとブラッシング

基本的に若いときと同じ方法でかまいませんが、長毛種の場合は回数を増やす必要があります。セルフグルーミングが不十分になるせいで毛がからまって毛玉ができやすくなるからです。こまめに体じゅうをチェックして、毛玉ができていたらクシでときほぐしてください。クシが通らないほどガンコな毛玉になっているときは、毛玉にハサミを入れて何度か切り、その後、クシでとかして取り除いてください。

また、痩せてくるとクシやブラシが骨に当たるのを嫌がります。特に背中やひざの骨にクシが当たると痛がります。骨に当たらないようクシの向きに気をつける必要があります。嫌がったらすぐに止めましょう。年を取ると"負の記憶"はすぐに定着しますから、以後のクシ入れがどんどん難しくなってしまいます。一度に全身のクシ入れを終わらせようとせず、何度かに分けて行う配慮も大切です。

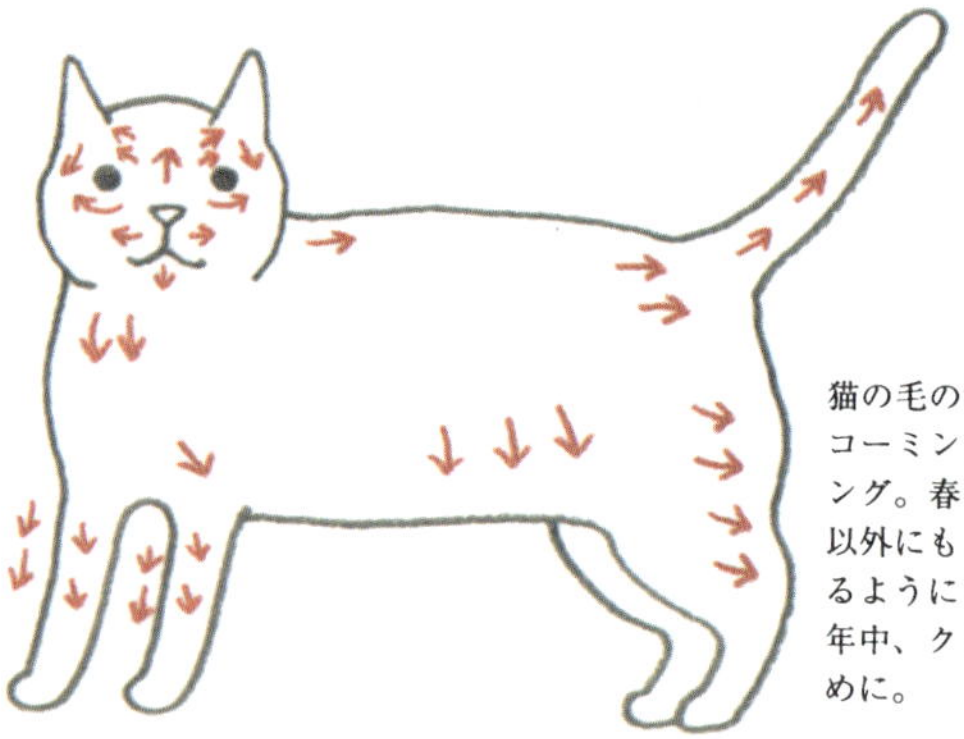

猫の毛の流れに沿ってコーミング&ブラッシング。春と秋の換毛期以外にもよく毛が抜けるようになるため、一年中、クシ入れをこまめに。

でも美しい猫でいられるためのフォローとして手入れをしてください。マッサージ同様、手入れをすることで体の異常に気づくこともできるでしょう。

column

上毛と下毛

体の表面を覆っている長い毛を上毛、毛をかきわけたときに見える柔らかいフワフワの綿毛を下毛といいます。春と秋に毛が生え換わり、それぞれ夏毛、冬毛に換わることを「換毛(かんもう)」といいます。秋の換毛期には、下毛がたくさん生えて寒い冬に備えます。そして春の換毛期には、その下毛が大量に抜け落ちます。だから春の換毛期のほうが、抜け毛の量が多いのです。

ステンレスのクシ

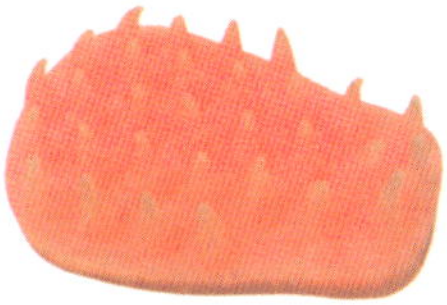

ラバーブラシ

道具を使い分ける

フワフワの綿毛を取るにはステンレスのノミ取りグシ、表面の太い毛のムダ毛を取るにはラバーブラシが最適。

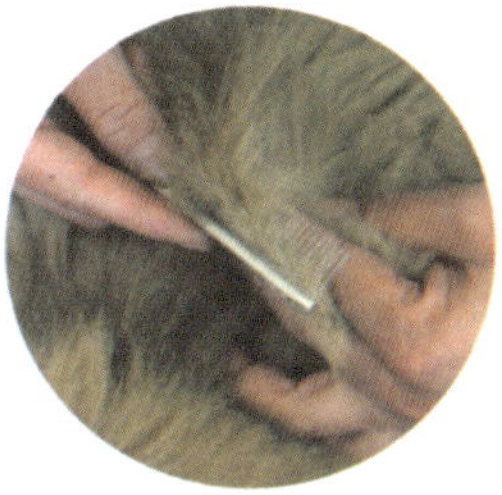

もつれたところは少しずつ

毛がもつれているところは、毛の先端部分から少しずつときほぐす。根元から一気にやると痛がる。ガンコな毛玉は、ハサミを入れて2～3回切る。その後クシで取り除く。

column

なぜ猫は毛玉を吐くのか

猫は体をなめたとき、抜けた毛を飲み込んでいます。その毛は胃の中で固まって毛玉になります。それを、ときどき吐き出していますが、うまく吐き出せないまま毛玉がたまり、胃の出口を塞いでしまうこともあります。そうなると何も食べられなくなります。動物病院で毛玉を取り出してもらうしかなくなります。

こまめなクシ入れをすることで毛玉を吐く回数が減らせる。年を取ると毛玉を吐くにも体力がいる。

爪切り

猫の爪は、鞘《さや》が幾重にも重なったつくりになっています。爪とぎをすると一番上の鞘がはがれ落ちて下にある新しい鞘が出てくるという仕組みです。

年を取ると、爪とぎの回数が減るせいで一番上の鞘がはがれ落ちないまま、どんどん伸びてしまうことがあります。爪は湾曲していますから、伸びすぎると円を描いて肉球に刺さることにもなりかねません。そうなると痛くて歩けなくなってしまいます。定期的な爪のチェックと爪切りは絶対に必要です。特に前足の親指の爪のチェックは重要です。爪とぎをしていても、親指の爪は爪とぎ器に当たりにくく、活動量の減った猫の場合は伸びすぎてしまうことがあるからです。爪が肉球に食い込んでしまっているのを見つけたときは、動物病院で切ってもらってください。小さな爪切りで切ろうとしても、まず無理です。

また、後ろ足の爪のチェックも大切です。爪とぎをするのは前足だけだからです。後ろ足の爪の鞘は勢いよく走ったりしたときにはがれ落ちるものなのですが、活動量が減ってくると鞘がはがれる機会がまったくといっていいほどなくなります。鞘が落ちないまま伸び続けた爪は意外なほど太くなって、簡単には切れなくなってしまいます。

鞘が取れず太くなった爪

爪とぎや運動をしなくなると、鞘がはがれ落ちる機会が減り、古い鞘がついたまま伸び続ける。爪が太くなってしまって自分で切れない場合は動物病院で切ってもらう。

道具もいろいろ

ハサミタイプ(左)、ギロチンタイプ(右)など、爪切りの種類もいろいろある。やりやすい道具を見つけよう。(右)グリップを握ると下から刃が出てくる。
<ペット用爪きり ギロチン ネイルクリッパー>A

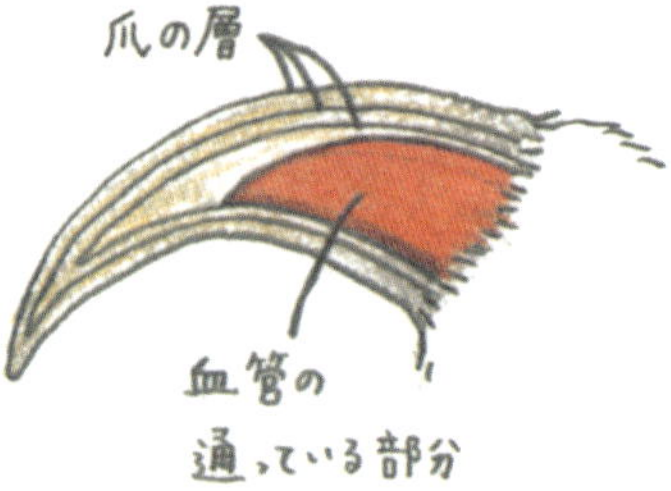

爪の仕組み

鞘が幾重にも重なったつくりになっている。爪の根元の赤く透けた部分には血管が通っているので避け、先のとがった部分を切る。

※商品お問い合わせ先は最後のページにあります。商品名のあとのアルファベット部分をご覧ください。

シャンプー

短毛種は、もともとシャンプーをする必要はありません。汚れがひどい場合は、ぬるま湯で拭いてください。

長毛種の場合は定期的にシャンプーが必要ですが、活動量が減ったと思える頃から徐々にドライシャンプーに切り換えましょう。特に気温の低い季節は、水を使う必要のないドライシャンプーのほうが体力を消耗させる心配がなく、また手軽です。スプレー式のムースを毛になじませ、ブラッシングをして汚れを取るタイプのものがおすすめ。パウダータイプもありますが、パウダーが飛散するので室内での利用には向きません。詳しい使用方法は、それぞれの製品に表示されています。

耳の手入れ

耳の中が汚れるようなら綿棒で拭いてください。汚れがひどい場合は市販のイヤークリーナーを使うのも方法です。犬用のもので代用できます。

耳の汚れやにおいを落とす、リキッドタイプの犬猫用耳のクリーナー。抗菌剤・消臭緑茶エキス・皮膚保護剤配合。<Kireiにしてね イヤーリキッド>B

目の手入れ

目やにが出るようなら、ウエットティッシュやぬるま湯に浸した脱脂綿で拭いてください。

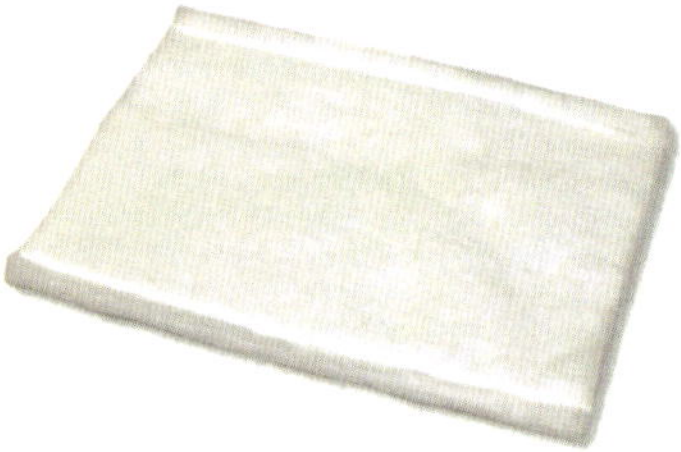

歯磨き

子猫の頃から歯磨きの習慣をつけているなら別ですが、年を取ってから歯磨きを始めるのは難しいことです。無理をせず、歯茎や歯の状態をこまめに観察し、問題がある場合は動物病院に相談しましょう。

column

写真を撮ろう

猫の写真をたくさん残そう

子猫の頃は毎日のように写真を撮っていたのに、だんだんと撮らなくなってしまったという人はたくさんいます。でも、たまに昔の写真を見てみてください。「こんなに小さかったんだ」と懐かしい思い出がよみがえります。猫が10歳を超えたときに５歳の頃の写真を見ると、「ちっとも変わらないようで、やっぱり若い」と気づくものです。写真を撮ることが手軽になっている現在、猫の写真をたくさん残しましょう。きっと、いい思い出がつくれます。

ケータイ

携帯電話をいつもポケットに入れておき、カメラ機能を使うと手軽。

コンデジ

コンパクトデジタルカメラをいつも手近なところに置いておくのもいい。猫の顔を検出して顔にピントを合わせてくれる機能のついた機種もある。

いい写真を撮るコツ その❶

猫の目線にカメラの位置を合わせる

見下ろす位置から撮るとかわいく撮れないので、床に這いつくばって撮る。

いい写真を撮るコツ その❷

同じショットを何枚も撮る

「数打ちゃ当たる」の精神で。あとで一番いいものを選んで残りは捨てる。

飼い主といっしょに写っている写真も忘れずに撮っておいて。意外に忘れているけど、これ大事。

いい写真を撮るコツ その❸

背景をすっきりさせる

背景に何が写り込んでいるかをチェックすること。邪魔なものが入らないように注意。

PART 3

老猫の毎日の世話と環境づくり

なぜシニア用フードが必要なのか

ライフステージに合わせたフード選びを

猫の主食となる「総合栄養食」には必ずライフステージ（成長段階）が記されています。たとえば幼猫用、成猫用、7歳以上用、10歳以上用、13歳以上用、15歳以上用などです。7歳以上用からをシニア用フードと考えて、なるべく年齢に合わせたものを選びましょう。

ライフステージによるフードの違い（例）

同じメーカーの同じシリーズのフードでも、
ライフステージによってカロリーや栄養が異なります。
（下のキャットフードはすべて＜サイエンス・ダイエット＞）。

1～6歳　7歳以上　11歳以上　14歳以上

	アダルト 成猫用 チキン	シニア 高齢猫用 チキン	シニアプラス 高齢猫用 チキン	シニア アドバンスド 高齢猫用 チキン
100g当たりのカロリー	416kcal	411kcal	409kcal	403kcal
成猫用との栄養の違い（例）	－	●高品質で消化のよい原材料で内臓の健康を維持	●ビタミンE、C、ベータカロテンを配合した抗酸化システムで健康を維持し、エイジングケア	●ＤＨＡを配合し、健康を維持＆運動能力を保つ ●グルコサミン・コンドロイチン硫酸で柔軟な関節を維持

※商品お問い合わせ先は最後のページにあります。Ⓒの部分をご覧ください。

フードの切り替えに「手遅れ」はない

ただ、猫の7～8歳をシニアと考える人は少ないはずです。「10歳だけど成猫用を与えている」という人も多いはずです。シニア用フードは、加齢の影響をできるだけ小さなものに抑え、猫のクオリティー・オブ・ライフをなるべく長く保つことを目的としているもので、「開始が遅すぎたから手遅れ」というものでは決してありません。10歳まで成猫用を与えていた場合なら、10歳以上用から始めればいいのです。人間も、何歳になっていようと食生活を変えたときから体質改善が望めるものです。それと同じです。

ちなみに「総合栄養食」ではない缶詰やレトルトフードにも「○歳以上用」と記されているものがあります。フードを選ぶときは表示の確認をしたうえで、メインの食事には「総合栄養食」のシニア用フードを選ぶことが重要です。

そもそもシニア用フードとは何か

猫も人間同様、年齢を重ね運動量が落ちてくるに従って、必要とするエネルギー量は減っていきます。その一方で、消化吸収能力や代謝機能は低下しますから、補ったほうがいい栄養素は増えてきます。シニア用フードは、それぞれのライフステージごとに適切な栄養バランスを考慮してつくられています。

具体的には、エネルギー量の減量、消化吸収のよいタンパク質量の調整、内臓や代謝の機能や抵抗力を維持するためのビタミンE、C、Aのステージごとの調整、腎臓疾患の原因になるリンの抑制などがしてあります。また、メーカーによっては関節の健康維持のためにグルコサミンやコラーゲンを配合したものや、皮膚の健康や毛づやの維持のためにオメガ3脂肪酸を配合したものなどもあります。製品それぞれの詳しい成分表は、各メーカーのサイトで見ることができます。

適切なフード選びで、シニア猫の健康を守りたい。

老猫に食事を与えるときの工夫

食べやすい食器と台を

5歳以前でも前歯が抜けてしまう猫はいます。10歳前後からは犬歯が折れたり奥歯が抜けたりする猫もいます。ただ猫は、歯が一本もなくなっても食べること自体に不都合はありません。もともと咀嚼をせずに丸飲みをする動物だからです。猫の犬歯は獲物の息の根を止めるため、奥歯は飲み込める大きさに肉を切り取るための役目をしています。キャットフードは飲み込める大きさに噛みちぎる必要がありませんから、歯がなくても困らないのです。

食べやすくする工夫

台の上に食器を置く

足腰が弱くなった猫は、体をかがめなくて済むように、食器を少し高い場所に置くと食べやすい。

国産の木材にステンレス製食器を2つセットできる食器台。<MammaDAI>D

なるべくコンモリと盛る

平たく盛るより、高さをもたせたほうが猫は食べやすい。

丸みのある皿を下の台座に置くことで、食べやすい高さと角度を実現。<フリーフリー食器>E

食べやすい食器を探す

歯がない猫は、底が平たく広い皿より、縁の高い食器のほうが食べやすい。

※商品お問い合わせ先は最後のページにあります。商品名のあとのアルファベット部分をご覧ください。

それでも前歯が全部なくなると、食べるときに若干の不都合が出てきます。キャットフードを食べるとき、猫は前歯で噛み取ったり舌ですくい取ったりするのですが、前歯がないと主に舌を使うことになるからです。その結果、ウエットフードを食器の底に舌で押しつけることになり、フードが食器の底にピタッとはりついて食べられなくなってしまいます。猫が食べるときの様子をよく観察して、食べやすい工夫をしましょう。

まず食器の形を検討してみましょう。底の部分が広い食器ほどフードがはりつきやすくなります。小さめの、少し縁の高いもののほうがフードのはりつきを防げます。また、5cmほどの高さの台の上に食器を置くのも方法です。足腰が弱ってきた猫の場合、食器の位置が高いほうが体をかがめなくていいので食べやすくなります。

最初にできるだけコンモリと盛っておき、途中で再度コンモリと盛り直すと、さらに食べやすくなります。手間のかかることですが、よりよい工夫のための観察時間だと思って付き合いましょう。

フードの〝におい〟と温度に配慮する

猫は本来、〝におい〟で食べられるものかそうでないかを決める動物です。逆にいえば、においのしないものは「食べよう」という気になりません。食欲を維持するためににおいは大切な要素です。年とともに嗅覚も衰えますから、なるべくにおいが立つような工夫をしてください。

ドライフードは、小分けパックになっているものを選びましょう。開封後はにおいが徐々に飛んでいくからです。なるべく早期に使い切れるサイズを選び、開封後は残りを密閉できるビンなどに入れて保存しましょう。また、食べ残しはなるべく早くに捨ててください。出したままにしておくとにおいがまったくしなくなります。

ウエットフードは、食べさせる前に電子レンジで15〜20秒温めてかき混ぜれば、においが立ちます。特に冬場は有効です。冷たいままより少し温かいほうが胃への負担も少ないはずです。電子レンジがない場合は熱湯を少量入れて混ぜてください。温度の目安は猫の「体温」と同じくらい、38度前後です。

特別に大好きなものを探しておく

キャットフードのみで育った猫は、人間が食べているものには興味を示さないのがふつうです。ところが年を取ってくると、人が食べているものを欲しがるようになることがあります。なぜなのか正確な理由はわかりません。若いときには見向きもしなかったものを好んで食べたがることもあります。

でも、人間用に味つけをしたものは猫にとって塩分が多すぎますから、絶対に与えないようにしなくてはなりません。過剰な塩分は腎臓に大きな負担をかけますが、慢性腎不全は高齢の猫にとても多い病気です。年を取ってきたときこそ、特に気をつけなくてはならないことです。

ただし、キャットフード以外のもので健康に害のない「特別に大好きなもの」を探しておくのは大切なことです。病気になって何も食べなくなったというとき、「特別に大好きなもの」を食べたことがきっかけで食欲が戻るということもあるからです。ゆでたささ身肉、ゆでた牛肉、マグロの刺身、なまり節など、味つけなしの状態で試してみましょう。

そして「特別に大好きなもの」が見つかったら、1~2カ月に一度、与えてください。大量には与えず、「ごほうび」程度にしておきます。いくらでも食べられると思うと、飽きてしまうこともあるからです。「イザというときにはこれが役に立ってくれる」という確認だと考えていればいいでしょう。

column

食欲旺盛なのに痩せていくのは

とてもよく食べるのに痩せていくという場合、甲状腺機能亢進症などの病気の可能性もあります。甲状腺ホルモンの分泌が過剰になるせいで起きる病気で、特に中高齢猫に見られます。呼吸が速くなる、大量に水を飲む、活発または攻撃的になるなどの症状もあります。動物病院で診断を受ける必要があります（P.85参照）。

多頭飼いしている場合、それぞれが自分用のフードを食べられるよう、別の部屋で与えたり、ケージを使ったりしよう。

若い猫が同居しているときの工夫

年齢の違う複数の猫を飼っている場合は少し工夫が必要です。若い猫がシニア用フードを食べても決して害にはなりませんが、エネルギー量が足りません。シニア猫はシニア用を、成猫は成猫用を食べることができるような方法を工夫しましょう。

食事の場所を分けて、別々に与えるのも方法です。若い猫が複数いてシニア猫が1匹だけという場合は、シニア猫の食事場所をケージ内に設定するのもいいでしょう。食べるときだけケージに入るのですから、大きなケージは必要ありません。ケージの中で食事をする習慣は意外にすぐつきます。そして習慣がつけば、食事時間には自分からケージに入るようになります。ケージの中でフードを与え、食べ終わったら食器を引き上げてしまいましょう。食べ残しを放置しておくと、ほかの猫が食べてしまいます。

ドライフードをいつでも食べられるようにしている人は多いと思いますが、それに関してはシニア猫と若い猫のどちらが食べる頻度が高いかを観察したうえで判断しましょう。若い猫が食べる頻度が高い場合は成猫用のドライフードを、シニア猫が食べる頻度が高ければシニア用を出しておきます。少量であれば、どちらのフードを食べても問題はありません。

PART.3

こんなときどうする？食事の困りごと

何度も食事を要求するとき

食べたばかりで、かつ、まだ食器に残っているのに人の顔を見るとまた食事を要求するようになる猫もいます。食べたことを忘れているのではないかと思えるような行動で、若いときの「これじゃ嫌だ」という猫特有の〝わがまま〟とは明らかに違います。その場合は、食器を持ち上げて残ったエサを盛り直して再度、猫の前に出してみてください。「ゴハンの時間」を最初から再現するわけですが、多くの場合、うまくいきます。初めてもらったような顔でまた食べます。

食べたものを吐くとき

健康で若い猫も吐くことがありますが、年を取ると吐く回数が増える傾向があります。胃液だけを吐いたり、血が混じっていたりするときは動物病院で診てもらう必要がありますが、食べた直後にほとんど未消化のものを吐くのは、まず心配することはありません。猫は咀嚼をせずに丸飲みをする動物ですから、ガツガツと食べたときなど胃が受けつけないのでしょう。高齢の猫は冬に冷たいままのウエットフードを食べたときも吐くことがあります。人間も中高年になると冷たいものが胃に堪えますが、それと同じでしょう。特に冬場はウエットフードを少し温めてから与えましょう（53ページ参照）。

　ただ、食後に毎回吐くという場合は、フードが体質に合わないということも考えられます。銘柄を変えてみるといいでしょう。

ウエットフードは電子レンジで軽く温めてから与えると、においも立つし胃腸にも優しい。

食べたそうにしているのに食べないとき

食べようとするのに食べない、というときは口内炎を起こしているのかもしれません。人間の口内炎同様、口の中の粘膜や舌、歯茎などに炎症が起き、食べたくても痛くて食べられないのです。ひと口食べると前足で口をこするようなしぐさをするときは、痛いのだと判断していいでしょう。いつもヨダレが出ているようなら、かなり悪化していると考えてください。

猫の口内炎の原因は、歯周病による細菌感染、さまざまなウイルス感染、栄養障害などですが、抵抗力が弱くなってくると悪化しやすくなります。食べられないままでは十分な栄養がとれずに衰弱してしまいます。まず動物病院で診てもらうことが大切です。

獣医師は栄養価の高いフードを紹介してくれるはずです。約38度に温めて与えてみてください。猫の体温と同じくらいの温度のものが最も痛みを感じずに済むからです。それでもだめな場合は、スープタイプのフードをスポイトで口角から歯と頬の間に流し込む方法もあります。この場合もフードを38度を目安に温めてください。

column

歯周病による口内炎

歯周病は口内に細菌が多くたまった状態で、口内炎も引き起こします。症状が悪化すると、痛みのため狂わんばかりに前足で顔をこすることもあります。

重度の歯周病は抜歯による治療が最も効果的。抜歯をすれば細菌の居場所がなくなり、口内炎も改善されます。ただし全身麻酔が必要なので、施術が可能かどうかは獣医師と相談しましょう（歯周病についてはP.90参照）。

水をたくさん飲んでもらって病気を防ぐ

水をたくさん飲ませる工夫を

猫の祖先であるリビアヤマネコは半砂漠地帯に住む動物です。だから猫は本来、あまり水を飲まないのです。そして、そのせいか猫は腎臓を悪くしがちな動物です。特にシニア以降、慢性腎不全は最も気をつけたい病気のひとつです。その意味では水を多めに飲んでほしいのですが、これはなかなか難しいことです。猫がおいしいと思う水を用意し、また水飲み場まで行かなくてもちょくちょく飲めるような工夫を心がけましょう。

どうしても、あまり水を飲まないという場合は、ウエットタイプのフードに変えたり、さらにお湯を加えたり、またはドライフードをお湯でふやかしたりして水分量を増やしましょう。ただ水分が多くなる分、少量のフードで満腹になるわけですから、食事量が減りすぎないよう気をつける必要があります。

ミネラルウオーターは避ける

猫が好むのは、なまぬるい水です。冬はお湯を少し加えて〝なまぬるく〟してください。特に口内炎が悪化している猫の場合、冷たい水はしみて飲みづらいはずです。

また、においに敏感ですから、水入れは洗剤で洗わないでください。もともと油汚れはないのですから洗剤を使う必要はありません。さらに、水道水にカルキ臭がある場合は、浄水器を使用するか、ペットボトルの水を使用するといいでしょう。ただしペットボトルの水を使用する場合、ミネラルウオーターは適しません。ミネラルウオーターにはカルシウムやマグネシウムが含まれています。シニア用フードは、カルシウムやマグネシウムの量も調整して配合されていますから、ミネラルウオーターを与えたらとりすぎになってしまいます。

最も経済的なカルキ臭対策は、湯冷ましを使用することです。前の晩にやかんでお湯を沸騰させ、そのまま朝まで置いておけばいいだけです。翌日に使い切れる量のお湯をわかしておき、朝、飲み水を取り換えるようにすればいいでしょう。

あちこちに水を置く

フード用の食器のそばだけでなく、昼寝場所のそばにも水入れを置きましょう。水飲み場までいちいち行かなくても、気が向いたときにいつでも飲めるようにする工夫です。

人がお風呂に入っているとやってきてお風呂のお湯を飲んだりバスタブについた滴をなめたりする猫は少なくありません。多分、野生時代の猫は、木のウロなどにたまった水を飲んだり葉についた滴をなめたりしていたのでしょう。その名残で、たまり水や滴を見ると、心が動くのだと思います。それを利用して、いろんなところに〝心を動かすたまり水〟や〝ついなめたくなる滴〟をつくってください。滴のついたコップも片づける前に猫に提供してみましょう。些細なことですが、猫にとって暮らしの中のアクセントにもなるはずです。

数カ所に水入れを置く場合、水入れの材質にバリエーションをもたせるのも一案です。プラスチック、陶器、ステンレスなど、材質による猫の好みが発見できるかもしれません。小さなことにささやかな配慮をしてみるのは決して悪いことではありません。楽しい趣味のうち、老後の猫への思いやりのうちです。

家の中で猫がよく通る場所(ベッドと食事場所の間など)に水入れを置くのも効果的。

PART.3

老猫の暮らしを豊かにする住環境づくり

危険のない安全な空間をつくる

猫が昼寝ばかりするようになり動きに精彩がなくなってきた頃から、家の中の見直しを始めましょう。危険防止のため、そして快適な昼寝場所をつくるためです。

高い場所に飛び乗ったり飛び降りたりするのが得意だった猫も、年とともに、だんだんと苦手になります。乗りたいのに諦めているのなら気の毒ですし、飛び降りた衝撃で骨折ということになっては大変です。猫の行動を観察しながら、環境を改善することを考えましょう。

猫用の階段をつくる

若いときは床からテーブルや机の上に簡単に飛び乗りますが、年とともにやらなくなります。ジャンプ力がなくなっているからです。でも、猫は昔のようにテーブルや机の上に乗りたいはずです。乗って、上から見下ろしたいはずです。

椅子をいつも少し出したままの状態にしておきましょう。椅子を階段代わりにして乗ることも降りることもできます。「使っていない椅子はきちんとテーブルや机の下に入れて片づけたい」という気持ちはわかりますが、猫のクオリティー・オブ・ライフのためです。椅子をひとつだけ出しておけばいいのですから我慢してください。家族全員の習慣にしてしまいましょう。

同じように、「昔は乗っていたのに最近は乗らない」という場所があったら、階段をつくることを考えてください。家具をうまく配置することで階段代わりにすることもできますし、どこにでも置ける2〜3段の階段も市販されています。キャットタワーのそばに置いて若いときと同じように登れるようにするのも方法です。上手に利用して猫の暮らしを豊かにしてあげましょう。

着地点にマットを敷く

飛び降りる地点にマットを敷くのも、いい方法です。

特にフローリングの床の場合、飛び下りたときの衝撃が強いので、小さな段差であっても敷いておいたほうが安心です。少し厚みのあるものを選ぶといいでしょう。ペット用の低反発マットもあります。台所用の低反発マットを利用するのも方法です。いずれも滑りにくいものを選ぶことが大切です。

もし滑るようなら、マットの下に滑り止めマットを敷くか、または滑り止めシートを利用しましょう。ホームセンターなどで入手できます。

猫が飛び降りる場所に低反発マットを敷いておけばケガの心配もなく安心。マットが滑らないよう、滑り止めシートなどを下に敷いておこう。

PART.3

寝ている時間が長くなったらベッドの見直しを

快適なベッドをつくろう

寝ている時間が長くなってきたら、ベッドの見直しも考えましょう。年とともに猫の好みも変わります。狭くて丸くなって寝るベッドがいいのか、広くて体が伸ばせるベッドがいいのか、猫が自由に選べるよう、いろんなタイプを用意してみましょう。

また、猫は、一日のうちの時間帯によって、あちこちと寝場所を変えます。さらに好みの寝場所も次々と変わります。今までとは違

シニア猫のベッド

ベッドは人の目が届く場所に

ベッドはいつも人の目が届く場所に置くのが最適。ゆっくりと寝られる場所で、かつ家人から見える場所に設置しよう。猫の様子をつねにチェックできるようにしておくことは大切なこと。変化していく猫の状況を把握し、また何かあったときにすぐ対応できるようにする。

ヘリのないベッドを用意

足腰が弱くなるとベッドのヘリもまたぎにくくなるので、座布団などをベッドとして使おう。

食器や水入れをベッドの近くに置く

ほとんど動かなくなったら、食器や水入れをベッドの近くに置こう。好きなときに楽に食べたり飲んだりできる。猫の動きをよく観察して、食器がひっくり返されない場所を選んで置く。

う場所に寝ていたら、そこにベッドをつくってください。夏用、冬用のさまざまなペットマットがあります。夏用には体温を逃してくれるもの、冬用には自分の体温を利用して温かくなるものなどです。季節に合わせて快適に過ごせるベッドを工夫しましょう。

ヘリのないベッドをつくる

市販のベッドにはヘリがありますから、足腰の弱くなった猫は入りにくくなります。ヘリのないベッドも考えましょう。マットを使用したベッドです。座布団などの上にペットマットを敷き、マットはこまめに洗いましょう。体がふらつく場合は足が沈み込まない硬めのマットを使用したほうが安全です。「寝たきり」になり床ずれの心配がある場合は、ペット用の床ずれ防止マットもあります。ペットショップには置いていないことが多いので、ネットで探すかペットショップでカタログを見せてもらって取り寄せてもらうといいでしょう。床ずれは、床に当たる場所である肩や足の付け根あたりにできます。「寝たきり」になった場合は、3〜4時間おきに体の向きを変えてあげるようにしてください。

波状の接触面が体を点で支えて、体に圧力を与えない床ずれ防止マット。<ふっくらマット>F

同居猫との関係がよくない場合は

猫用のベッドの多くは1匹用ですが、仲のよい猫どうしならギュウギュウ詰めになっていっしょに寝ます。ところが、関係があまりよくない場合は、だれかが寝ているところにもう1匹が来ると、最初からいた猫がベッドから出ていくということがあります。力関係の影響です。「いっしょに寝るのは嫌」なのではなく、弱いほうの猫が強い猫に遠慮して譲っているのです。年を取った猫が弱い立場になるケースが多いはずです。

2〜3頭が同居しているなら中型犬用、それ以上なら大型犬用の大きなベッドを置いてみるのも方法です。十分すぎるほどのスペースがあるので、お互いに離れた位置を陣取ることができ、眠っているうちにだんだんとくっつき、やがてはくっついて寝るようになることもあります。冬の時期、猫どうしがくっついて寝られれば最良の寒さ対策にもなります。

※商品お問い合わせ先は最後のページにあります。商品名のあとのアルファベット部分をご覧ください。

PART.3

トイレをうまく使えなくなることもある

猫の状況によってトイレを工夫する

足腰が弱くなった猫は、トイレをうまく使えなくなることがあります。「寝たきり」になれば失禁対策も必要になります。状況に応じて上手な工夫をしてみましょう。

叱るのは禁物

トイレ以外の場所にオシッコやウンチをしたのを見つけても、絶対に叱ってはいけません。何の効果もないばかりか猫を不安にさせて状況を悪化させることにもなります。なぜトイレを使わなかったのか、その理由を見極めることのほうがずっと重要なことです。

便秘ぎみの場合、トイレできばっても出ないとなると場所を変える猫もいます。足腰が弱ってトイレのへりをまたぎにくい猫もいます。何が原因なのかを突き止めてトイレの見直しを始めましょう。

原因によって対策や工夫はさまざまです。ひとつ工夫をしても効果がないこともあるでしょう。そのときは次の工夫を考えて試してください。大切なのは試行錯誤です。

ペットシーツを利用する

トイレには入るけれど、完全には入らずおしりが外にはみ出したままの状態で用を足してしまい、周りが汚れるという場合は、トイレの周りにペットシーツを敷いておきます。トイレに入るのが無理になった場合は、段差のない犬用のトイレを利用するか、ペットシーツのみをトイレ代わりにするのがいい方法です。「寝たきり」になった場合は、ベッドの上にペットシーツを敷いて寝かせるといいでしょう。

ペットシーツにはいろんなサイズがあり、最大で新聞紙を広げた大きさのものまであります。大きなものは敷きやすいものの、一カ所が汚れただけで取り換えることを考えれば不経済です。小さいサイズのものを何枚か敷き、汚れたものだけを取り換えるほうが経済的ですが、継ぎ目部分がずれて漏れてしまうこともあります。大きなシーツの上に小さいシーツを並べるなど、使い勝手のいい方法を見つけてください。

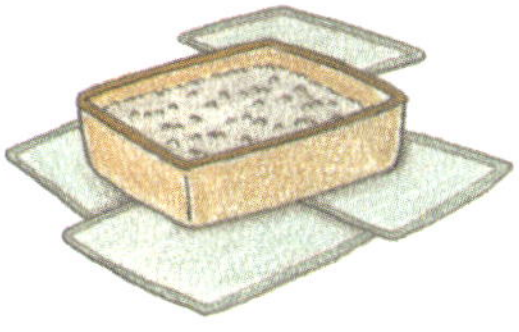

トイレの周りにペットシーツを敷いておけば、オシッコを粗相してしまったときも掃除しやすい。

便秘の場合

トイレではうまく排便ができず、トイレの外で再度きばり始めたときは、猫をトイレに戻すのではなく、おしりの下にペットシーツなどを敷いてウンチを受けてください。トイレに戻すと、せっかく出かかったものが引っ込んでしまいます。

ウンチが硬く、おしりから少しのぞいているのにどうしても出ないという場合は、ベビーオイルを肛門の周りに塗ります。そのうえで、ウンチがつまめる程度に出てきたらティッシュでそっと引っ張りだしてください。それも無理な場合は動物病院に相談しましょう。

便秘解消のために、無塩バターをなめさせるのも方法です。おなかを腸の流れにそってマッサージするのも効果があります。猫のおなかに向かって「の」の字をかくように、手のひらでマッサージしてください。それが腸の内容物が動いていく方向です(37ページ参照)。

column

フローリングやカーペットが汚れた場合

フローリングの床の上にウンチやオシッコをした場合は、まずティッシュペーパーで汚物を取ってください。除菌効果のあるトイレ掃除用のシートを使うのもいいでしょう。次に熱いお湯でしぼったタオルでよく拭いてください。においが残っているときは、最後に消臭スプレーをかけます。カーペットや畳が汚れた場合も、まずティッシュペーパーで取りますが、こすらないように気をつけます。その後、汚れ部分より少し広めに熱湯を少量かけ、乾いたタオルでたたくようにしながら水分を完全に取り除きます。においが残っているようなら消臭スプレーをかけてください。

失禁するようになったら

人間の布団をオシッコから守る方法

トイレがうまく使えなくなると人の布団の上でオシッコをしてしまう猫もいます。それでも夜はいっしょに寝たいと思う人は多いでしょう。ただ、汚れた布団の処理は頭痛のタネです。楽に洗濯ができる工夫をして、なるべく快適に暮らしましょう。

羽根布団や綿の入った掛け布団が汚れた場合の処理はやっかいです。部分洗いは面倒な割にスッキリときれいになった気がしませんし、そうかといって、いちいち丸洗いのクリーニングに出すわけにもいきません。

掛け布団をやめてマイクロファイバーの毛布を利用するのがいい方法です。いろんな厚さのものがあり、何枚か重ねれば十分に温かく眠れます。また洗濯機で洗えて天気のいい日なら2～3時間で乾きますから、1枚ずつ洗っても夜までに全部を乾かすことが十分に可能です。値段もリーズナブルですから、汚されてもイラつくことなく安眠できます。

防水シーツを利用する

ただし、敷布団やベッドマットは代替の工夫ができません。介護

3枚の防水シーツを横に使い、ベッドや敷布団をすき間なくくるむ。猫が粗相をしてしまったら、その部分だけ洗えばOK。

用の防水シーツで敷布団やベッドマットをくるみ、その上に敷きマットやシーツを敷くといいでしょう。防水シーツだけでもかまいませんが、寝心地がいいとはいえません。

介護用の防水シーツの多くは90cm×140cmほどのサイズで、人間用に使うときは敷布団の中央だけをくるみます。その防水シーツを3枚使って敷布団全体をくるんでください。コタツの防水カバー用、またはおねしょシーツとして市販されている大判のものもありますが、1枚で全体をくるんでしまうと一カ所の汚れのために全体を洗濯しなくてはならなくなります。3枚に分かれていれば汚れた1枚だけを洗えばいいので楽です。

オムツを利用する

失禁をするけれども、よく動くという猫の場合はオムツをするといいでしょう。ペット用のオムツやオムツカバーが市販されています。犬用が多く、いろんなサイズがありますが「SS」か「S」が猫に使えます。小型の猫や痩せてしまった猫なら「SS」でしょう。

オムツを使う場合は、まめに取り換えることでオムツかぶれを防ぎましょう。取り換えるときは、人間の赤ちゃん用の「おしり拭き」で拭いてパウダーをはたくなどして清潔を心がけてください。

オムツが脱げてしまうときは、前足・後ろ足が通せる術後服のようなものを上から着せるといい。

ペット用のオムツは、しっぽを通せる穴が開いている。

PART.3

暑さ・寒さ対策

年を取ると暑さ・寒さに鈍感になる

猫も高齢になると、人間同様に暑さや寒さに体がうまく反応することができなくなります。若いときは暑ければ涼しい場所へ、寒ければ暖かい場所へと自分で移動しますが、年とともにそれができなくなります。温度変化を感じる能力が落ちるからです。その結果、蒸し暑い場所にずっと寝ていたり、まだ夏の終わりなのに寒がったりします。

　人間の高齢者が、真夏に窓を閉め切って布団をかけて寝ていて熱中症になったという話を聞きますが、猫も同じです。室内の温度・湿度への配慮はもちろん、猫が寝ている場所のチェックも忘れないようにしましょう。

夏の暑さ対策

夏の対策として重要なのは、温度よりも湿度です。湿度が低ければ、若干温度が高めでも問題はありません。猫が寝ている場所の近くに乾湿計を置いておき、こまめにチェックするといいでしょう。猫の寝る場所が複数箇所ある場合は、各場所にそれぞれに置いておきます。精巧な乾湿計である必要はないので安価なものでOKです。小さくて邪魔にならないものがあります。温度は28度以下、湿度は60%以下を目安にしてください。

　窓を開けて風を通せば湿度はかなり下げられますが、それでも温度・湿度ともに高すぎるときはエアコンを使いましょう。ただし温

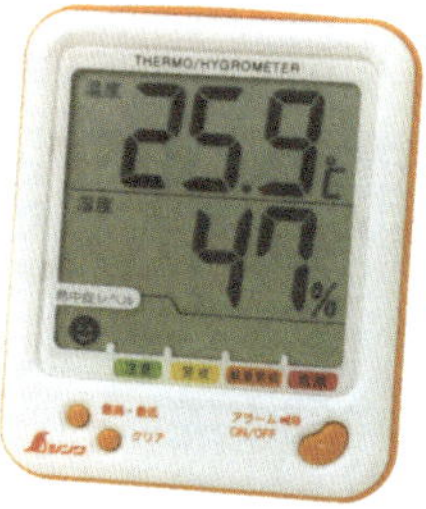

最高・最低の温度と湿度を測定でき、熱中症のレベルをアイコンで表示したり、温度や湿度のアラーム設定ができるデジタル温湿度計。<シンワ　デジタル温湿度計>G

※商品お問い合わせ先は最後のページにあります。商品名のあとのアルファベット部分をご覧ください。

夏は風通しのよい日陰にベッドを置く。籐製のカゴにタオルを敷いたものか、夏用のペットマットをベッドとするのがよい。

度設定は高めにし、クーラーの風が猫に直接当たらないように気をつけます。また、体の熱を取ってくれてひんやりとするマットが市販されていますから、上手に併用するのも方法です。

家を留守にするときは、エアコンをいれたままにしておくのが安心です。ただし、人がいるときと同じ温度設定では冷えすぎる可能性があります。2~3度高めの設定にしておくといいでしょう。心配なら、事前に最高最低温湿度計で計ってみるといいでしょう。温度が最高で何度まで上がり最低で何度まで下がるのか、湿度が最高で何%になり最低で何%になるのかが記録されるものです。昔ながらのアナログ式のもののほか、少し高価ですがデジタル式のものもあります。

熱中症に注意

高齢の猫は真夏にもかかわらず日向で寝ていることがありますから、うっかりすると熱中症になることがあります。

猫の体が熱くなっていたり呼吸が速くなっていたりしたら軽度の、口を開けてハァハァと荒い呼吸になっていたりグッタリしていたり痙攣が起きていたりする場合は重度の熱中症です。

軽度の場合は涼しい場所に移して水を飲ませてください。重度の場合は、ビショビショに濡らしたタオルで体を包むなど体温を下げるための処置をするとともに、直ちに動物病院に連絡をして指示を仰いでください。

冬の寒さ対策

室温を保ち、いつも寝ている場所にも保温のための工夫をしましょう。ペット用のホットカーペットもあります。また、湯たんぽを利用するのも方法です。低温やけどをしないよう、しっかりとしたカバーをかけ、さらに、お湯の温度が保てるようひざかけ毛布などでくるみます。体温を反射させて温かくなるマットが市販されていますから、湯たんぽと併用するのもいいでしょう。

冬の寒さ対策いろいろ

猫と添い寝

猫のベッドを横に置き、半分ほどを布団で覆う。人が寝返りをうったときに猫の上に乗ってしまうことがないので、体力のない猫でも安心。

電気を使わない保温マット。熱反射アルミがペットの体温を反射させ、床からの冷気を遮断する。＜電気のいらない暖か、ほこほこ保温マット　ジューシィブラウン＞B

遠赤外線で陽だまりのような温かさを保つヒーター。マットやベッドを上に置いて使用した場合は、過度な熱がこもらないよう自動で電力を抑制してくれる。＜速ぽか床暖ヒーター＞B

※商品お問い合わせ先は最後のページにあります。商品名のあとのアルファベット部分をご覧ください。

冷え込む夜の対処法

夜の保温が心配な場合は、人といっしょに寝て人が湯たんぽ代わりをするのが一番ですが、弱ってきた猫と「添い寝」をすることには不安もあります。寝返りをうったときに猫に体重がかかっても若い猫なら自分で対処可能ですが、体力が落ちている猫は逃げられないかもしれません。その場合は、布製のベッドを人の布団の肩のあたりに置き、上から布団で覆うといいでしょう。ベッド全体を覆ってしまわず、一部は出しておくことで、暑くなりすぎることを防げます。

かなり弱って、どんな方法であろうと人といっしょに寝るのは危険だと思える場合は、天蓋のある布製の〝猫つぐら〟型ベッドを利用しましょう。天井の覆いがあるおかげで〝猫つぐら〟の中の温かさが保てます。ペット用のホットカーペットの上に置くといいでしょう。または、大きめのペット用ベッドの中に〝猫つぐら〟を入れ、その外側にひざかけ毛布などでくるんだ湯たんぽをうまく配置します。さらに全体にも毛布などをかけます。こうすれば床からの冷気を防ぐことができ、また低温やけどの心配もありません。

ただし、湯たんぽの温度の持続時間を事前に確認しておくことが大切です。また、〝猫つぐら〟の中の温度がどのくらいになるのかも事前に確認しておく必要があります。暑くなりすぎては、逆に体調をくずしてしまいます。最高最低温湿度計を使えば確認することができます。

猫つぐら型ベッドで保温

天井のある猫つぐら型ベッドなら温かさが逃げにくい。ペット用ホットカーペットの上に置いたり、外側に湯たんぽを置いたりして温かくしよう。

老猫は大きな環境変化に適応しづらい

年を取った猫は環境の変化を好まない

人間は高齢になるほど環境の変化に適応できにくくなりますが、猫も同じです。環境の大きな変化はなるべく避けたいものです。飼い主の家庭にもいろいろな都合があるでしょうが、高齢の猫がいる場合は、なるべく環境の変化が起きないような配慮をすることが大切です。

老猫にとっての引っ越しは辛い

猫を連れての引っ越しは、猫が10～12歳になる以前に行うことが望ましいといえます。引っ越し前後は荷造りや荷ほどきで家の中がゴタゴタします。人の出入りも多くなります。事情のわからない猫は大きな不安を感じるはずです。まして好奇心や適応力のなくなった老猫にとってはストレス以外の何ものでもありません。体調をくずす原因にもなりかねません。

猫の12歳以降に、やむを得ず引っ越しをする場合は、できるだけ猫にストレスをかけない方法を考える必要があります。いつも猫がいる部屋は最後に荷造りをするなど作業の順序をよく吟味し、引っ越し当日の家の中がゴタゴタする間は健康診断をかねて入院させるか、その猫のことをよく知っている友人にあずかってもらうなどして、最短時間で新居の中を片づけて猫を迎え、なるべく早期に以前

高齢になってからの引っ越しは大きなストレス。ストレスをなるべく減らすために、猫ベッドなどの猫用グッズは新調せず同じものを使うなど、元の家に近い環境をつくってあげよう。

と同じ雰囲気づくりをする努力をしましょう。

遠距離への引っ越しで飛行機や電車で猫を輸送するしかない場合、猫の年齢や健康状態によっては最悪の場合、猫を連れて行くのを止めたほうがいいケースもあります。獣医師にも相談のうえ、最良の方法を模索してください。

老猫は新たな猫が家族に加わることを好まない

新たに同居猫が増えることも猫にとっては大きな環境の変化です。特に1匹だけで飼われていた老猫のところにもう1匹を加えると、それをきっかけに急激に元気をなくすこともあります。それは「猫好きの猫」であっても同じです。順応できず、ストレスになってしまうのでしょう。

「子猫なら逆に元気になるかもしれない」と思うかもしれませんが、老猫の多くは子猫の元気さをわずらわしく感じるものですから結果は同じだと考えられます。猫の性格や環境などによってケースバイケースではありますが、10歳を過ぎたら新しい猫を加えるのは止めたほうが無難です。

人間の高齢者や子どもとの付き合いの注意点

人間の高齢者にとって犬や猫との触れ合いは心身の健康に好影響を与えます。犬や猫をなでたり話しかけたりすることで心も体もリラックスするからです。特に認知症の高齢者にとっては、ペットとの触れ合いが効果的な刺激を生むことがアニマルセラピーの研究でもよく知られています。

高齢者が増加し続ける現在、認知症の高齢者と猫が同居している家庭は少なくないはずです。お互いの間に、穏やかな時間が生まれるのなら、それは猫にとっても老人にとっても理想的な環境です。ただ認知症の症状によっては、かわいさのあまり猫にかまいすぎることもあります。

若い猫なら、嫌だと思えば逃げますから問題ありませんが、老猫の場合、逃げるに逃げられず気の毒です。その「しつこさ」に、つい爪を出してしまうこともあります。

場合によっては、老猫とは上手に隔離することも必要です。家人がいっしょにいるとき以外は部屋を分けたり、老猫にケージ内の寝場所を与えたりすることで、お互いのクオリティー・オブ・ライフを守りましょう。

小さな子どもの場合も同様で、かまいすぎるだけでなく、ときに乱暴に扱うことにもなりかねません。猫の状況を考慮したうえで猫との接し方のルールをつくることを考えましょう。

仲睦まじい高齢者と猫の関係も多数。お互いに安らぎとなるような関係をつくりたいもの。

PART 4

健康チェックとかかりやすい病気

PART.4

健康チェックを欠かさない

小さな変化も見逃さない観察眼を

どんなに元気な猫であっても加齢とともに病気を発症する危険性は高くなります。人間同様、高齢ゆえの病気もあります。若いとき以上に、健康チェックに配慮してください。

「最近、よく水を飲む」、「トイレの回数が多い」、「寝ているときの姿勢がこれまでとは違う」など、小さな変化が病気の兆候であることは多いものです。おかしいと思ったら、早めに動物病院で診察を受けてください。

こんな変化に注意

トイレの回数や量の増減

オシッコやウンチの量の変化、何度も繰り返しトイレに入る、トイレで鳴くなどは病気の可能性。ウンチやオシッコの状態にも注意。

食事量や飲水量の増減

たくさん水を飲むようになった、食欲がないなどは病気のサイン。食欲が極端にあるのも、病気の可能性がある。

寝姿や寝場所

具合が悪いと人目につかない暗い場所でずっと寝ていることがある。熱があると冷たい床で寝ていたり、胸が苦しいと胸を下につけずにいたりする。

猫日記をつけよう

健康チェックのための「猫日記」をつけ始めましょう。自分の日記に書き込むのもいいでしょう。家計簿の隅に書くのもいいでしょう。

最初は気にもとめていなかったことが、だんだんと症状として気になり始めたというとき、それが一体いつから始まったのか、なかなか思い出せないものです。「そういえば同じようなことが以前にもあった」というときも同じです。イザというときに毎日の記録は大いに役に立ってくれるはずです。動物病院で診察を受けるときにも大切な情報になるはずです。

特記すべきことがない日は「変化なし」と書いておけばいいのです。これも大切な情報です。その代わり、「ウンチが硬い」とか「毛玉を吐いた」など、小さなことでも書きとめておく習慣をつけましょう。猫日記をつけることで、健康チェックがより習慣化されるはずです。

診察を受けるときは猫日記をもとにメモを

猫の具合が悪くなって動物病院で診察を受けることになったら、猫日記をもとに、わかりやすいメモをつくって獣医師に見せてください。気になる症状は何か、それはいつ頃から始まったのか、関連すると思われることがあるか、それはいつのことかなどを簡潔に書き出してください。獣医師の診断に役立つはずです。

あいまいな記憶に頼らず、しっかりした記録を持って動物病院で診察してもらおう。

飼い主だからこそ異変を見つけられる

長い年月をともに過ごしてきた猫なら、他人にはわからない小さな変化にも気づけるはずです。

「何かが変」と漠然と感じたときは、どこに違和感があるのかをよく観察して見極めてください。目的をもって観察していれば必ず、違和感の原因が見つかるはずです。

[飲食]

- 食欲がない
  （2日以上食べないのは要注意）
- 水を大量に飲む
  （多飲多尿は病気の兆候）
- 頻繁に嘔吐する

[行動]

- 一カ所ばかりをなめる
  （かゆみや痛みがある可能性）
- 触ろうとすると怒る
  （どこかが痛い可能性）

[おしり]

- しょっちゅう陰部をなめる
- 膣からのおりものがある

[オシッコ・ウンチ]

- 下痢が続く
- ウンチに血液や粘液が混じっている
- オシッコの出が悪い
  （トイレに行くが出ていない）
- オシッコの量や回数が多い
- オシッコの色がいつもと違う
  （血が混じっている。または濃い褐色でくさい、色が薄い）

健康のチェックポイント

下記は一般的な健康チェックの項目です。
頭に入れておくといいでしょう。

[目]

- 瞬膜が出たままで引っ込まない
- 左右の瞳孔の大きさが違う
- 目やにが出る
- まぶたの裏の色が薄い（白っぽいピンク色になっている）

[鼻]

- 鼻水が出る
- 鼻の頭が乾いている（ただし、睡眠中や目覚めた直後は乾いているのが正常）

[口]

- クシャミ、セキが続く
- ヨダレが出る
- 口臭がある
- 呼吸が苦しそう。口で呼吸をする
- 唇の色が薄い

[足]

- 歩き方がおかしい（足を引きずる、ふらつくなど）

[全身]

- 背中を丸めてうずくまっている時間が長い
- 背中の毛が逆立ったまま（どこかが痛い可能性）
- 熱がある
- 脱毛（毛が抜けて地肌が見える箇所がある）
- しこりがある

[おなか]

- 下腹部が異常にふくらんでいる
- 乳首の周りにしこりがある

老猫のワクチン接種と不妊手術

ワクチン接種は続ける

現在、ワクチンで予防できるのは、猫ウイルス性鼻気管炎、猫カリシウイルス感染症、猫汎白血球減少症、猫白血病ウイルス感染症、猫免疫不全ウイルス感染症（猫エイズ）、猫クラミジア感染症です。獣医師は、室内飼いか放し飼いかなどの条件によって、この中の何種を接種すべきかを決めてくれているはずです。

ワクチン接種はできるだけ続けてください。接種していない場合は、シニア対策のひとつとして始めてください。俗に「猫風邪」といわれる猫ウイルス性鼻気管炎、猫カリシウイルス感染症は空気感染をしますし、室内飼いであってもウイルスが人の手や衣服について もち込まれることがあります。「風邪くらい大したことはないだろう」と思うかもしれませんが、猫は鼻がつまって〝におい〟がしな

老猫になるほど、免疫力は下がっていく。ワクチンで病気を防ぎたい。

ワクチンで予防できる感染症

- 猫ウイルス性鼻気管炎
- 猫カリシウイルス感染症
- 猫クラミジア感染症

いずれも「猫風邪」と呼ばれる感染症。症状はクシャミ、鼻水、目やに、発熱など。きちんと治さないとウイルスが一生体内に潜伏する「キャリア」という状態になり、体調をくずすたびに症状をぶり返したり、その猫自身には症状がなくても、ほかの猫にうつす感染源になったりする。

- 猫汎白血球減少症

感染力が非常に強い猫パルボウイルスが原因で、死亡率の高い感染症のひとつ。感染している猫と直接接触するだけでなく、感染猫の排泄物をなめることや、感染猫の排泄物が付着したものを介してもうつる。

- 猫白血病ウイルス感染症 89ページ
- 猫免疫不全ウイルス感染症（猫エイズ） 88ページ

不妊手術で予防できる病気（一例）

子宮蓄膿症

メス猫の子宮に細菌が感染して膿がたまる病気。発情期や妊娠中に感染しやすい。

卵巣腫瘍

避妊手術をせず、交尾をしていないメスに多く見られる病気。転移する可能性が高い。

精巣腫瘍

オスの精巣に腫瘍ができ、睾丸が大きく腫れ、触ると痛がる。転移しやすい。

くなると食べなくなり衰弱しますから、猫にとっては怖い病気です。実際、室内飼いの猫が感染する例は少なくありませんし、高齢猫が感染した場合は悪化する可能性が高いといえます。

ワクチン接種をしていれば、たとえ感染しても軽い症状で抑えることができます。年に一度、接種のために動物病院に連れて行くことで、獣医師に猫の様子を直接見てもらうことも健康チェックのひとつになります。どのワクチンを接種するかは獣医師と相談してください。

家族全員、帰宅したら手を洗う習慣をつけておくことも大切です。また、戸外にいる猫にはなるべく触らない、もし触ったときは帰宅後、よく手を洗い、服を着替えるという配慮も必要です。

不妊手術をしていない場合

メス猫特有の病気、オス猫特有の病気があります。シニアの場合、メス猫では子宮内膜炎や子宮蓄膿《ちくのう》症、卵巣や子宮の腫瘍、オス猫では精巣腫瘍や前立腺炎などで、発症率は高くはないものの発症した場合、高齢ゆえに手術が難しいということもあります。不妊手術（メスでは避妊手術、オスでは去勢手術）をしていれば、これらの病気になることはありません。

不妊手術をしていないままシニアになっている場合は、一度、獣医師に相談してみてください。そして可能なら手術をしてください。発情は体力的なストレスにもなります。ストレスの軽減は長生きにつながります。

老猫がかかりやすい病気とは

症状から考えられる病気

老猫がかかりやすい病気を症状から引けるよう、リストをつくりました。ただし、ここにある症状がすべてではないので、異変を感じたら動物病院で必ず診てもらいましょう。

	症状	考えられる病気
目	□ 左右の瞳孔の大きさが違う □ 瞳孔が白く濁っている	網膜剥離 90ページ
鼻	□ 鼻水が出る	猫白血病ウイルス感染症 89ページ 猫免疫不全ウイルス感染症(猫エイズ) 88ページ
口	□ ヨダレが出る □ 口臭がある □ 歯がぐらつく、抜ける □ 歯茎から出血する	歯周病 90ページ
	□ 口内炎	猫免疫不全ウイルス感染症(猫エイズ) 88ページ 猫白血病ウイルス感染症 89ページ 歯周病 90ページ
	□ 息が荒い	リンパ腫 87ページ
足・歩き方	□ 足を引きずる	関節炎 91ページ
	□ 爪が伸びるのが早い	甲状腺機能亢進症 85ページ
行動	□ 異常に活発 □ 何度も食事を欲しがる □ 攻撃的になった	甲状腺機能亢進症 85ページ 認知障害症候群 91ページ
	□ 寝てばかりいる	関節炎 91ページ
	□ 大声で鳴き続ける □ 徘徊	認知障害症候群 91ページ
	□ 嘔吐	肥満細胞腫 87ページ リンパ腫 87ページ 猫伝染性腹膜炎 89ページ

	症状	考えられる病気
オシッコ・ウンチ	□オシッコが赤い □オシッコの量が少ない	尿道炎 84ページ
	□オシッコの量が多い	慢性腎不全 84ページ 糖尿病 85ページ 甲状腺機能亢進症 85ページ リンパ腫 87ページ
	□失禁する	尿道炎 84ページ 認知障害症候群 91ページ
	□トイレで鳴く	尿道炎 84ページ
皮膚	□しこりがある	乳腺腫瘍 86ページ 扁平上皮がん 86ページ 肥満細胞腫 87ページ
	□フケが多い	甲状腺機能亢進症 85ページ
	□リンパ節の腫れ	リンパ腫 87ページ 猫免疫不全ウイルス感染症(猫エイズ) 88ページ 猫白血病ウイルス感染症 89ページ
	□かさぶたやただれが治らない	扁平上皮がん 86ページ
食欲・体重	□たくさん食べるのに痩せる	糖尿病 85ページ 甲状腺機能亢進症 85ページ
	□痩せていく	リンパ腫 87ページ 猫免疫不全ウイルス感染症(猫エイズ) 88ページ 猫伝染性腹膜炎 89ページ
	□食欲がない	肥満細胞腫 87ページ 猫白血病ウイルス感染症 89ページ 猫伝染性腹膜炎 89ページ 歯周病 90ページ
	□水をたくさん飲む	慢性腎不全 84ページ 糖尿病 85ページ 甲状腺機能亢進症 85ページ リンパ腫 87ページ

泌尿器の病気

尿道炎《にょうどうえん》

尿道の粘膜が炎症を起こす病気です。歯周病など口の中に炎症のある猫が陰部をなめることや、膀胱炎などの影響で起きたりします。放置すると慢性化して尿道閉塞を起こすこともあります。

排尿時に痛みを感じるため不自然な姿勢をとり、血尿も見られます。違和感があるせいで、陰部をしょっちゅうなめるようにもなります。抗生物質や消炎剤の投与で改善しますが、普段から歯石を除去しておくなど口の中の清潔を保つことが大切です。

慢性腎不全《まんせいじんふぜん》

猫は腎臓を悪くしがちな動物です。もともと半砂漠地帯に住んでいた動物なので、体内に取り込んだ水分を効率的に利用できる反面、腎臓に大きな負担がかかるのだとされています。15歳以上の猫の3頭に1頭が多かれ少なかれ慢性腎不全を患っていると考えられています。

腎臓は体内の老廃物を排出するとともに体に必要なミネラルを血液中に戻す働きをしています。腎臓の機能が大きく破壊されてしまうと体に老廃物がたまり尿毒症を起こして死に至ります。

この病気は、かなり進行するまで何も症状が出ません。最初に気づくのは大量に水を飲んで頻繁にオシッコをするという症状ですが、そのときにはすでに腎臓の機能の半分以上が失われています。さらに進行すると痩せてきて、食欲がなくなり、脱水、嘔吐、貧血などが見られます。

慢性腎不全は完治することはありませんが、早期発見による食事療法で進行を遅らせることができます。定期的な健康診断で早期発見をすることができます。

腎不全の発症率

1歳未満	2.3%
1～6歳	4.3%
7～12歳	6.7%
13歳以上	18.8%

全国3,496名の猫の飼育者の回答をもとにした、猫の泌尿器ケア研究会（花王ニャンとも清潔トイレ）のデータより。13歳以上の腎不全の発症率は、１～６歳と比べると約4.4倍。

内分泌の病気

糖尿病《とうにょうびょう》

膵臓《すいぞう》から分泌されるインスリンが不足するか、または分泌されても作用しないために細胞のエネルギー源である糖分がうまく取り込めないのが糖尿病です。進行すると神経系に異常をきたして歩行がおかしくなったり、抵抗力がなくなってさまざまな感染症にかかりやすくなったりします。さらに進行すると痩せてきて嘔吐や下痢、意識障害などを起こし、最終的には昏睡状態から死に至ります。

最初に表れるのは、大量に水を飲んで頻繁にオシッコをするという症状です。肥満の猫に多いケースと、食欲が増し大量に食べるのに体重が増えないというケースがあります。肥満の猫の場合には減量によって改善しますが、食事療法は必ず獣医師の指導のもとで行う必要があります。食欲があるのに痩せてくるという場合はインスリンの注射が必要になります。

いずれの場合も、健康診断で早期に発見することが大切です。また、太りすぎないように気をつけ、ストレスを与えない生活を心がけることも大切です。

甲状腺機能亢進症《こうじょうせんきのうこうしんしょう》

甲状腺は体の新陳代謝をコントロールする甲状腺ホルモンを分泌していますが、甲状腺の働きが必要以上に活発になり、甲状腺ホルモンが必要以上に分泌されて新陳代謝のコントロールがきかなくなってしまうのがこの病気です。人間のバセドー氏病と同じです。

食欲旺盛になりたくさん食べるのに痩せていきます。大量に水を飲み頻繁にオシッコをします。活発になって動きまわったり攻撃的になったりします。フケが増えたり、爪が伸びやすくなったりもします。体温が上がるせいで、冷たい床の上を好むようにもなります。進行すると心臓に大きな負担がかかり心不全や過呼吸症を起こすこともあります。

肥大した甲状腺の除去、または甲状腺の働きを阻害する薬の投与が必要です。健康診断で早期発見することができます。

怒りっぽくなるのもこの病気の症状のひとつ。

悪性腫瘍(がん)

乳腺腫瘍《にゅうせんしゅよう》

避妊手術をしていない高齢のメスに多い病気で、かなり高い確率で悪性の可能性があります。放置すると肺などに転移する致命的な病気です。

最初は乳房に小さなしこりができます。放置すると大きくなり、周囲の乳房にもしこりができてきます。腫瘍は大きくなるとともに変色し、皮膚が薄くなって出血したり、潰瘍ができてただれたりします。肺に転移すると呼吸困難を引き起こします。

繁殖の予定がないのなら、若いときに避妊手術をすることが予防につながります。ただし、避妊手術をしても発症することはありますから、ときどき乳房にしこりがないかチェックしてください。そして、しこりが見つかったら、できるだけ早くに手術してください。早期の手術が最大の効果をもたらします。

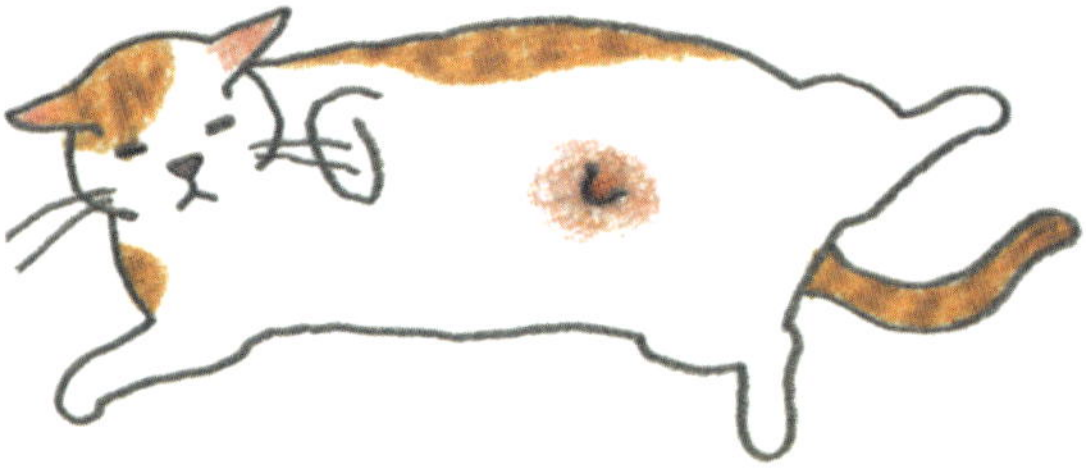

おなかを触ってしこりがないか確認しよう。

扁平上皮《へんぺいじょうひ》がん

皮膚や粘膜にできる腫瘍で、耳や鼻筋などの毛の薄い場所に発症するケースが多く見られます。また、目や口腔、鼻などの粘膜に発症することもあります。

皮膚のただれや小さなしこりができることから始まり、進行すると膿が出たり悪臭がしたりします。紫外線に長時間当たることが原因とされ、白い毛の猫に多く発症する傾向がありますが、免疫力の低下も原因になります。まぶたや耳などにかさぶたやただれができ2~3日経っても治らないときは早めに診察を受けてください。早期の外科的切除手術が有効です。

肥満細胞腫《ひまんさいぼうしゅ》

肥満細胞は免疫反応にかかわる細胞で、この細胞が腫瘍化することで起きる病気です。皮膚型と内臓型があり、皮膚型は頭から首にかけての皮膚に発生することが多く、円形から卵形のしこりができます。まれにぶよぶよした浮腫状の場合もあります。表面は毛が抜けて赤くなります。ひとつだけできる場合と多発する場合とがあります。

内臓型では脾臓《ひぞう》、肝臓、腸管などに発生し、嘔吐や下痢、慢性的な食欲不振が見られます。おなかを触るとしこりが感じられることもあります。内臓型肥満細胞腫は悪性の場合が多く転移しやすいので、早めの診断と治療が必要です。

リンパ腫《しゅ》

リンパ球が腫瘍化する病気でリンパ節が腫大化します。リンパ肉腫または悪性リンパ腫ともいいます。腫瘍ができる場所によっていくつかのタイプに分けられます。全身のリンパ節や肝臓、脾臓に発生する多中心型、胸腔や胸腺を中心に発生する縦隔型、皮膚を中心に発生する皮膚型、脊髄や脳などに発生する中枢神経型、腸管や腸管膜のリンパ節に腫瘍ができる消化管型などで、老猫に多いのは消化管型です。

リンパ腫は猫白血病ウイルスの感染が原因である場合もありますから、無症状のキャリアの場合は注意が必要です。嘔吐、下痢、食欲低下、体重の減少、微熱などが見られますが、特徴的な症状はありません。リンパ腫ができた場所によって多飲多尿、嚥下《えんげ》困難、セキ、呼吸困難などが見られます。

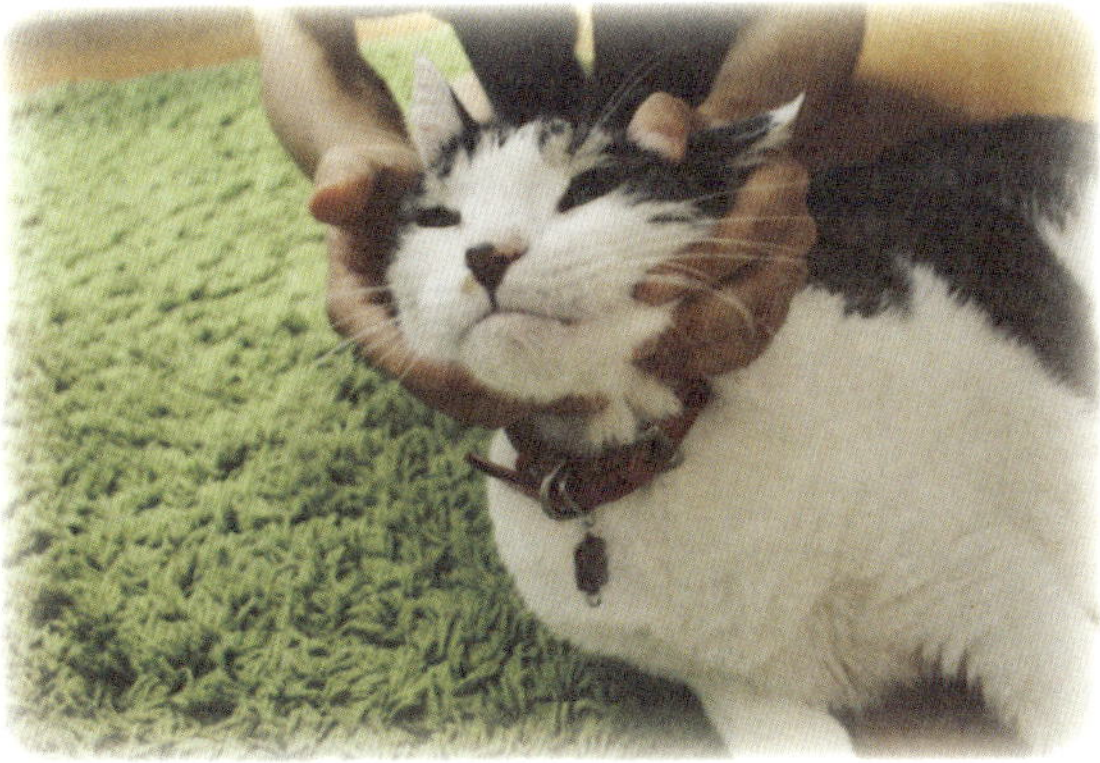

リンパ節のある首や足の付け根を触って、腫れていないか確認することが早期発見になる。リンパ腫だけでなく、がん全般の早期発見のために、全身を触ってチェックしたい。

猫《ねこ》免疫《めんえき》不全《ふぜん》ウイルス感染症《かんせんしょう》（猫《ねこ》エイズ）

猫免疫不全ウイルスに感染することで免疫機能が失われていく病気で、猫エイズとも呼ばれています。母体から感染する場合と、感染した猫とのケンカや交尾などから感染する場合があります。

感染してしばらく経つと熱が出たり鼻水が出たり下痢をしたりと体調をくずしますが（急性期）、やがて無症状になり、その状態が続きます（無症状キャリア期）。キャリアのまま天寿をまっとうする猫もいますが、7～10年後に発症する猫もいます。発症すると口内炎や鼻炎、皮膚炎、下痢、結膜炎などのエイズ関連症候群を繰り返しながら悪化し、免疫不全に陥ります（終末期）。免疫機能が働かないので、さまざまな病気に感染したり腫瘍が発生したりして死に至ります。

ノラ猫を保護した場合は必ず血液検査で猫免疫不全ウイルスに感染していないかどうかを確かめておくことが大切です。陽性であった場合は、ストレスのない暮らしを心がけ、どんなに元気であっても7歳を過ぎたら健康診断をして、発症しないような健康管理を行いましょう。発症した場合は対症療法で症状を改善しながら延命をはかることができます。

また同居猫がいる場合は、同居猫への感染を防ぐ飼い方を考えることも必要です。

猫エイズの進行

感染
- 感染した猫とのケンカや交尾、母体からの感染

急性期
- 発熱
- 鼻水
- 下痢

無症状キャリア期

終末期
- 口内炎
- 皮膚炎
- 結膜炎
- 鼻炎
- 下痢
- 腫瘍
- さまざまな病気の発症

無症状キャリア期は長いと10年以上続き、終末期を迎えないまま天寿をまっとうする猫もいる。

猫《ねこ》白血病《はっけつびょう》ウイルス感染症《かんせんしょう》

猫白血病ウイルスに感染することで起きる病気で、白血病や免疫不全、腎臓病、貧血などを引き起こします。感染率は高くはありませんが、発症すると猫免疫不全ウイルス感染症と並ぶ怖い病気です。

ウイルスは唾液や涙、血液、尿、便、乳汁に含まれていて、感染した猫とのケンカやグルーミング、食器の共有などから感染します。子猫が感染した場合の死亡率は高いのですが、1歳以上で感染した場合はウイルスをもったままで何も症状が出ないキャリアになることが多く、ウイルスが消えてしまう猫もいます。猫免疫不全ウイルス感染症と同様、保護したノラ猫の場合は血液検査で感染の有無を確かめてください。

猫白血病ウイルス感染症のキャリアは元気そうに見えても抵抗力が弱いので、ほかの病気を発症したりケガが治りにくかったりします。猫免疫不全ウイルス感染症のキャリアと同じくストレスのない暮らしを心がけ、発症させないよう健康管理をすることが大切です。また、同居猫への配慮も必要です。

猫《ねこ》伝染性腹膜炎《でんせんせいふくまくえん》

猫腸コロナウイルスが猫の体内で突然変異を起こしたものが猫伝染性腹膜炎ウイルスです。猫腸コロナウイルスは唾液や便を介して経口感染し気管や腸で繁殖しますが、何も症状が出ないか、出ても下痢や軟便程度と軽いものです。特に成猫で感染した場合、無症状キャリアとして一生をまっとうする猫が少なくありません。

ただ、ほかのウイルスに感染して免疫力が低下していたり、飼育環境によるストレスが大きかったりすると、腸コロナウイルスが突然変異して猫伝染性腹膜炎を発症することがあります。特に多頭飼いによるストレスが大きな要因と考えられています。発症率は1～10％と高くはないのですが、発症すると完治することはなく対症療法で症状を緩和し延命をはかるしかありません。

猫伝染性腹膜炎の症状には、腹水や胸水がたまる「ウエットタイプ」と、腹水や胸水がたまらない「ドライタイプ」とがあります。どちらも発熱や下痢を繰り返し体重が落ち、肝臓や腎臓が悪くなったり中枢神経に異常が出たりしながら死に至ります。

歯の病気

歯周病《ししゅうびょう》

歯垢内の細菌で歯茎が炎症を起こした状態を歯肉炎、炎症が歯の根本部分まで広がったものを歯周炎といい、両方をあわせて歯周病といいます。歯周炎が悪化して膿が出始めたものが歯槽膿漏《しそうのうろう》です。糖尿病や腎臓病で免疫力が低下していると悪化しやすい傾向があります。

歯垢は歯の表面に残った食べかすに唾液と細菌が混じったもので、放置すると唾液中のカルシウムなどが沈着して硬い歯石になります。歯肉炎は歯茎が赤くなり口臭がする段階、歯周炎では口臭がひどくなり歯がぐらついてきます。歯が抜けてしまうこともあります。

歯肉炎は2歳以下の若い猫にもよく見られます。歯磨きの習慣をつけ、食べかすが残りやすいウエットフードばかりを食べさせることのないようにして悪化を防ぎましょう。歯槽膿漏にまでなると痛くて食べられなくなって衰弱します。高齢になればなるほど、歯石除去や抜歯のための全身麻酔が難しくなりますから、口の中を清潔に保つ努力を続けておくことが大切です。

歯磨きに慣れていない猫は、指にガーゼを巻いて猫の歯の表面をこすることから始めるのがおすすめ。

目の病気

網膜剥離《もうまくはくり》

眼球の網膜がはがれることで、失明の危険性もあります。慢性腎不全や甲状腺機能亢進症などによる高血圧、細菌やウイルスの感染などが原因です。左右の目の瞳孔の大きさが違っていたり明るいのに瞳孔が開いていたり、瞳孔が白く濁っていたりするときは一刻も早く動物病院で診察を受けてください。

足の病気

関節炎《かんせつえん》

関節に炎症が起きた状態で、前足のひじ、後ろ足のひざや股関節に出ることがよくあります。腫れたり変形したり触ると痛がったり、足を引きずって歩いたりします。原因として捻挫や膝蓋骨《しつかんせつ》脱臼などが考えられますが、加齢や肥満も原因のひとつです。10歳を過ぎたら高いところから飛び降りる必要のないよう階段をつけるなどの工夫をしましょう。太りすぎないよう気をつけることも大切です。

関節炎が疑われる場合は、症状を軽減し悪化を防ぐための治療を受けてください。

脳の病気

認知障害症候群《にんちしょうがいしょうこうぐん》

猫は犬にくらべると認知症になる確率は低いとされますが、猫の性格上わかりにくいだけなのかもしれません。いずれにしろ猫の認知症についてはまだ研究が進んでいません。

夜中、大きな声で鳴きながら歩き回る、食べたばかりなのに食事を要求する、攻撃的になる、失禁する、狭いところに入り込んだとき後ろ向きに進めずに出てこられない、自分の体を噛んで傷つけるなどの症状がありますが、たくさん食べたがるとか攻撃的になるといった症状は甲状腺機能亢進症でも見られます。また失禁は泌尿器の病気が原因であることもあります。まず動物病院の診察を受けることが大切です。

夜中に大きな声で鳴いて近所迷惑になる場合は対策が必要です。同じところをグルグルと回るといった症状は、家族に大きな負担がないのであれば優しく見守ることにしましょう。長生きをすれば猫も人間も多かれ少なかれボケてくるものです。受け入れることも大切です。ストレスのない暮らしと脳への刺激が認知症予防の一助になるはずです。飼い主との豊かなコミュニケーションで変化のある暮らしを続けましょう。

column

ペット保険に入る？入らない？

飼い主の考え方次第

ペットには人の場合と違って公的な保険制度がありませんから、動物病院にかかればすべて実費を支払う必要があり、大きな負担になることが考えられます。民間の保険会社がやっている「ペット保険」に加入しておくのも方法でしょう。

保険会社によってサービス内容はさまざまで、負担した治療費の一定割合を補償するものや（定率補償型）、限度額内で全額補償するもの（実額補償型）、負担した金額にかかわらず一定金額を補償するもの（定額補償型）があります。加入の条件は基本的に「健康体であること」で、既往症や先天性疾患によっては契約できないこともあります。

保険の契約期間は基本的に１年間で、満期時に契約を更新することになります。月々の保険料は猫の場合、年齢によって決められていて、会社によって年齢とともに保険料が上がる場合と上がらない場合があります。また、継続できる年齢に上限のある場合と終身の場合があります。

ちなみに予防接種や妊娠・出産、不妊手術の費用などについては補償対象になりません。

何社かのパンフレットを取り寄せて規約をよく読み、加入するかどうか、また加入するならどの保険が自分に合っているかを決めてください。保険料だけでなく、何が補償対象外になっているのかもよく検討してください。猫の年齢も考慮対象のひとつです。

また、保険には加入せずイザというときのためにペット貯金をしておくという方法も選択肢のひとつです。

PART 5

最期の看取り方

PART.5

いずれ最期の日が来ることを念頭におく

「その日」は必ず訪れる

猫が15歳に近くなったら、どんなに元気そうに思えてもいつかは死が訪れるということを本気で考えておきましょう。飼い主は愛猫との暮らしが永遠に続くような気がしているものですが、それは願望でしかないという現実を冷静に受け止めておかなくてはなりません。

ある日、突然亡くなるということもあるでしょう。不治の病を発症することもあるでしょう。そのとき、どう心を保つのか、どうしたいのか、金銭的にどこまでのことができるのかなどについて考えておくことは大切なことです。いずれ別れがくることだけは紛れもない事実なのです。普段から考えておくことが、よりよい看取りへとつながるはずです。

突然の別れの場合

いつもと同じように座布団の上で昼寝をしていた、いつものように声をかけたが返事がない、「どうしたの？」と触ったら、丸くなったまま亡くなっていたということもあります。同じく元気だったのに帰宅したら亡くなっていたということもあります。どちらも実話です。

突然死というべきで、どうしようもなかったことでしょう。ただ、飼い主のショックには計り知れないものがあります。何かを見落としていたのではないか、やるべきことがあったのではないかと自分を責める人は少なくありません。

大学病院などで病理解剖をしてもらえば死因をはっきりとさせることも可能でしょう。死因がわかれば心の整理がつけられると思う気持ちもわかります。それは今後の獣医療に貢献することでもあるでしょう。

でも、猫の死をあるがままに受け入れることで心の整理をすることもできるはずです。動物は与えられた命をごく自然に享受して生き、死もごく自然に享受して自然界の輪廻と融合する生き物だからです。人間との暮らしが長い猫であっても、それに関しては野生動物と同じ〝生〟を生きているからです。

天が与えた寿命だったと考えて受け入れることは、動物としての猫を認めることでもあるのです。苦しまずに逝ったこと、ずっと眠っているつもりであろうことを救いとしましょう。そう思うことは、「今日と同じ日がずっと続くわけではない」ことを真剣に思い、毎日を大切にしてきた〝人間〟にならできるはずです。「明日やってあげるね」といったまま終わることのないようにと考えながら、一日一日を過ごした人にならできるはずです。

「突然の別れもありうる」。そう思いながら、愛猫との一日一日を大切に過ごそう。

突然死の場合、飼い主のショックは計り知れない。でも、自分を責め続けても猫は喜ばない。

老衰で息を引き取る場合

これといった病気もないまま、だんだんと痩せて弱っていき食べなくなり寝たきりになって静かに息を引き取るという場合、老衰といえます。立ち上がる力がなくなって自分でトイレに行けなくなったら、もう長くないと考えていいでしょう。

少しでも長く生きていてもらうために動物病院に延命処置を依頼することは可能です。ただ、その状態の猫を動物病院に連れて行くことは、体力的に大きな負担になるはずです。また最期を病院で迎えることになることもあります。自然にまかせて静かに見守るだけにするなら、住み慣れた家で家族のそばにいられます。どちらの選択も間違いではありません。飼い主が望んでいること、猫が望んでいるであろうことを考え合わせて納得のいく方法を選んでください。

仕事や学校などで、そばにいることができないこともあります。それも考慮して決めてください。大切なのは気持ちです。猫はわかってくれるはずです。

完治が望めない病気の宣告を受けた場合

具合が悪くなって動物病院で診察を受けた結果、完治が望めない病気を宣告されることもあります。闘病生活が始まることと、そう遠くない将来に別れがくることを覚悟しなくてはならない場合です。「治らない」という診断をどう受け止めるかが最初のステップです。ほかの病院でセカンド・オピニオ

完治が望めない病気の例

慢性腎不全

腎臓の機能が徐々に失われていく病気で、猫が最もかかりやすい病気のひとつ。一度失われた腎臓の機能をもとに戻すことはできないので、食事療法などで進行を遅らせる。多飲多尿や食欲不振など目立った症状が表れたときには、腎機能の75%以上が失われているといわれる（詳しくはP.84）。

猫白血病ウイルス感染症

猫白血病ウイルスに感染することで、白血病を起こす病気。感染猫とケンカした咬傷や、グルーミング時の唾液から感染する。発症すると有効な治療法はなく、対症療法で病気の進行を遅らせる。ワクチンで予防することができる。リンパ腫（がん）の原因にもなる（詳しくはP.89）。

猫免疫不全ウイルス感染症（猫エイズ）

猫免疫不全ウイルスに感染することで、免疫機能が失われていく病気。感染猫との接触、特にケンカによる咬傷で感染する。母子感染もある。発症するとさまざまな病気にかかりやすくなって死に至る。有効な治療法はなく、対症療法で進行を遅らせる。ワクチンで予防することができる（詳しくはP.88）。

ンを求めるのはかまいません。でも「信じたくない」という理由だけで次々と病院を回るのは間違いです。治療開始が遅れるだけで、猫を苦しめることにもなりかねません。

冷静に現実を受け入れて次のステップに進む必要があります。それは、その病気についてきちんと知ることです。どんな病気なのか、症状を抑え進行を遅らせるためにどんな治療があるのか、どのくらいの治療費がかかるのか、今後どんな経過をたどることが予想されるのかなどです。

獣医師は詳しく説明してくれるはずですが、わからないことがあったら質問してください。また自分で調べてみることも大切です。獣医師の説明をより体系的、客観的に把握するための助けになるはずです。インターネットで病名を検索してみるといいでしょう。専門家のサイトや同じ病気を経験した飼い主たちのサイトを閲覧することで、さまざまな知識を得ることもできます。

病気を正しく理解したうえでそれに向き合う覚悟をし、病気の経過を頭に入れて看護を始めることが大切です。それが「その日」を受け入れること、ひいては納得のいく看取りにつながります。

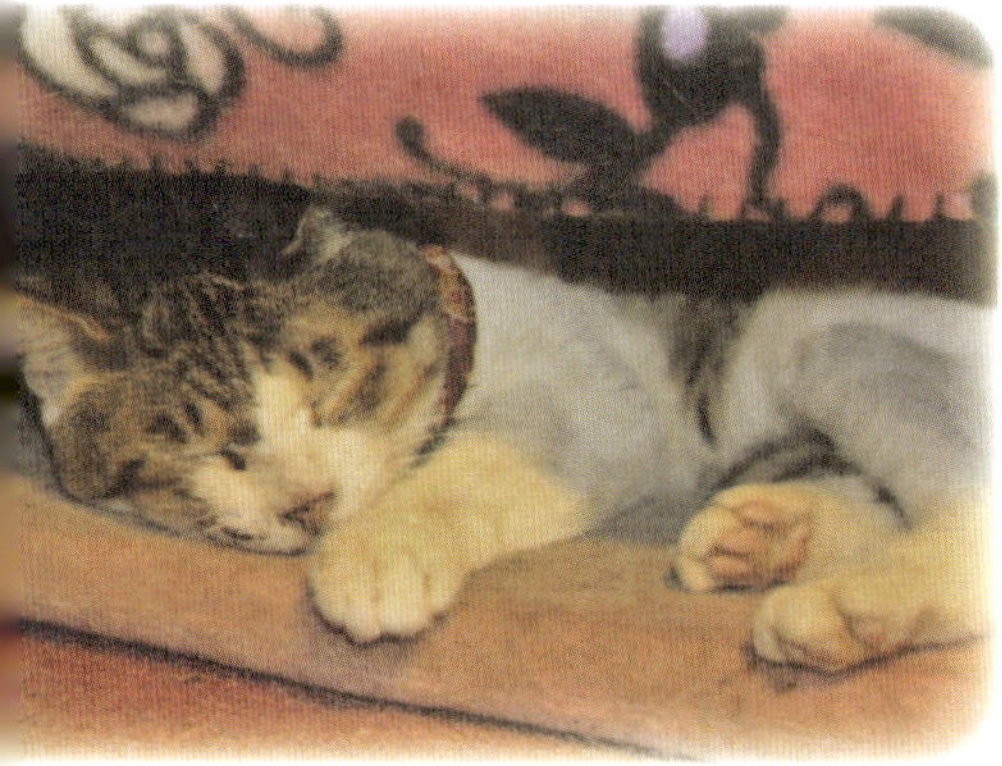

飼い主としての姿勢を決める

家族でよく話し合っておく

人がもっている死生観は年齢によって、また経験によってそれぞれ違います。1分でも1秒でも長く生きられるように何でもするべきだという考え、どんな状態であっても生きていて欲しいという願い、地球上に生きるものである限り必ず訪れる最期は認めたいとする考え、苦しむことのない最期であればほかは何も望まないとする思いなど、いろいろです。

家族がいる場合は皆でよく話し合っておくことが大切でしょう。「猫はどうしてほしいと望んでいるか」と考えても結局、個人個人の死生観を投影することにしかなりません。若い人には若い人なりの死生観が、高齢者には高齢者なりの死生観がありますから、意見をまとめるのはなかなか難しいことかもしれません。

堂々巡りから抜け出せないときは、どこで最期を迎えさせたいのか、どんな見送り方がしたいのかという視点から考えてみるといいかもしれません。動物病院で最期を迎えることになったら家族全員で立ち会うのか、多少死期を早めることになっても家で、家族のそばで死を迎えさせたいのか、まずそれを考えてみましょう。「こうするべき」という〝正解〟などないのです。どうしたいのか、どういう最期なら全員が納得できるのかが最も重要なことです。

ネット上には、猫の最期を看取った人たちの意見が数多く載せられていますから、それを参考にしてみるのもいいでしょう。「できるだけのことをするべきだ」という意見もあります。「最後に病院に連れて行ったが家でそばにいてあげればよかったと後悔している」という意見もあります。「病院へ行く途中で亡くなったが腕の中で逝ったことが救いだ」という意見もあります。どれも経験者ゆえの貴重な意見です。

時間をかけて家族でよく話し合い、全員が納得のいく答えを出してください。それが、ともに暮らした猫への飼い主としての最後の責務です。

経済的な条件も考える

闘病が長くなる場合は経済的な問題も無視できません。公的な保険のないペット医療には意外なほどお金がかかります。治療が必要になったときは、どのくらいの費用が必要なのかを知っておく必要があります。特に治る見込みがなく、症状を遅らせる、または延命のための治療しか方法のない病気の場合はそうです。どんな治療があり、どのくらいの延命が可能なのか、どのくらいの費用が必要なのかを獣医師に聞いてください。費用を算段しなくてはならないのですから躊躇する必要などありません。

延命治療をした場合、猫はどんな症状でどんな暮らしが可能なのか、その状態はどのくらいの期間続けることが可能なのか、その後はどんな経過をたどるのかなども、きちんと聞いておく必要があります。それを知らないままで金銭に関する〝心づもり〟はできません。そして、負担できる金額に限度があるという場合は、獣医師に告げて治療法を相談しましょう。「金銭的な余裕がない」ことは決して恥ずかしいことではありません。それぞれの家庭に合った〝最期の迎えさせ方〟があるはずだからです。現代はペットのための高度医療も可能ですが、治療法がある限りそれをやらなくてはならないということではないはずです。飼い主の家庭を破壊させてまでやることではないはずです。

猫は自分で「尊厳死」を望むことはできません。でも飼い主が代弁することは許されるはずです。大切なのは〝苦渋の決断〟ではなく〝考えた末の最善と信じる決断〟であることです。決して後悔をすることのない決断であることです。

結論が出たら、獣医師に伝えておきましょう。獣医師は、飼い主の希望にそった適切なアドバイスと処置を最後までしてくれるはずです。

安楽死について自分の考えを構築しておく

賛否両論の安楽死

安楽死については賛否両論があります。「状況によっては必要だ」という意見もあれば「絶対に認めない」という人もいます。それは獣医師においても同じです。

安楽死は、鎮静効果のある薬剤を注射してリラックスした状態にし、次に心臓や脳などの機能を停止する薬剤を注射するという方法で行われます。安らかに眠ったようになって息を引き取ります。

「安楽死は認められない」とする人たちは、どんな状態になろうと生きようとしているものの命を絶つことは許されないという意見です。ペットは自分の意志を表明す

安楽死の流れ

1. 獣医師とよく相談する

安楽死させたほうがいいか、よく話し合う。安楽死の方法についても疑問点は解消しておく。

↓

2. 日時と場所を決める

自宅で看取りたい場合は、自宅まで来てもらえるか相談。日時を決めたら、その日までにやりたいことや会わせたい人を決めよう。その日までに十分かわいがってあげよう。

↓

3. 当日

獣医師は注射で薬剤を投与する。猫が痙攣したり、尿や便が出ることもあるが、苦痛は一切ない。獣医師は聴診器を使って心音の停止を確認する。

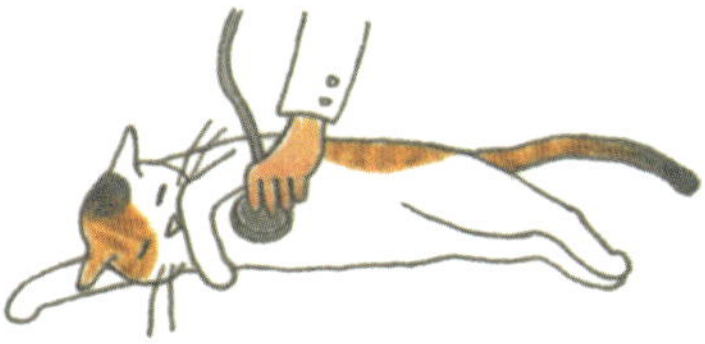

ることはできない、それを第三者が決めてはならないという考えです。

一方、「状況によっては必要だ」とする人たちは、死が間近に迫り痛みに苦しむだけの状態になったときは、安楽死によってその苦しみから開放してあげたいという意見です。「苦しむためだけに生きている」としかいえない状態の猫を生かし続けることは残酷なことだという意見でもあります。

安楽死についての考え方は、飼い主の年齢によっても人生経験によっても違います。人それぞれの死生観に根ざしたものでもあり、どの意見が正しいといえるものでも、自分とは違う意見を否定できるものでもありません。だからこそ、自分なりの考えを構築しておくことは大切なことなのです。

また、かかりつけの獣医師がどんな意見をもっているのかを聞いておくことも大切です。そうでないと、最後の段階になって獣医師と衝突することにもなります。状況によっては安楽死も考慮したいが獣医師が納得しないという場合は、病院を変えておくことも必要でしょう。

飼い主は後悔してはならない

インターネットのブログなどで、安楽死についての「生の言葉」を読んでみるのもいいでしょう。実際の経験談や、その経験に基づく意見は、いろいろと考えさせてくれます。自分の考えを構築するためのアドバイスにもなるはずです。

真剣に考えた末に出した結論であるなら、安楽死を選択したことや、またしなかったことを後悔してはいけません。猫が何を望んでいたのかは永遠にわからないことです。長年をともに過ごし信頼し続けた飼い主が判断してくれることを猫は望んでいたのだと信じましょう。大切なのは、普段から死というものについて獣医師と意見を交換しておくことです。そして、深刻な病気が判明した場合には安楽死も含めて将来のことを話し合っておくことです。

最終的に決断をするのは、あくまで飼い主ですが、そのときは「辛いから見たくない」などといわずに飼い主の腕の中で逝かせてあげてください。そうすることで安らかな死を見届けてください。自分の決断が愛情であったことを納得することができるはずだと思います。

自宅で投薬をしよう

上手に飲ませれば猫のストレスは少ない

毎日、薬を飲ませる必要が生じたとき、飼い主が飲ませられなければ通院しなくてはならなくなります。それは猫にとって負担になります。飼い主の時間的制約や金銭的負担も大きくなります。コツを覚えて自宅で投薬をしましょう。猫の性格を考慮したコツと工夫をマスターすれば、決して難しいことではありません。元気なうちに予行演習として試し、どんな方法が適切なのかを考えておくことも大切です。

おとなしい猫なら意外に簡単に

【錠剤・カプセル】基本の飲ませ方

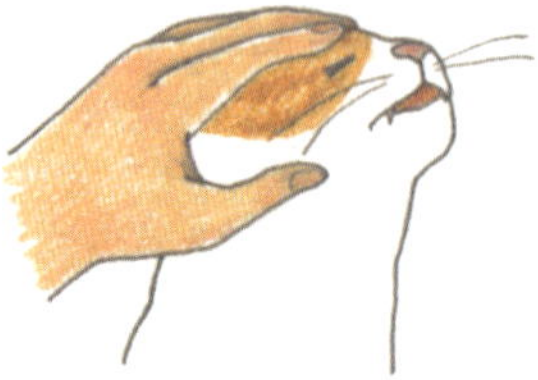

1. 利き手の人指し指と親指で薬を持ち、もう片方の手で猫の頬骨を両側からつかんで上を向かせる。

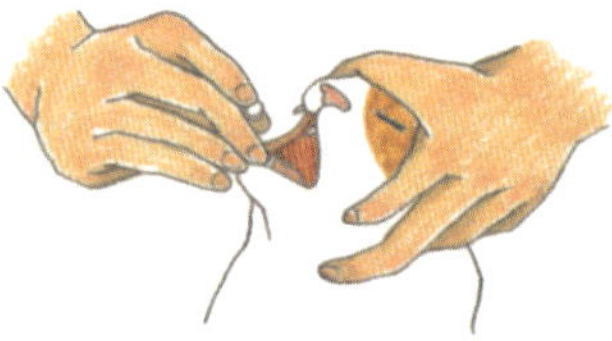

2. 利き手の中指を猫の下あごの前歯にかけて押し下げて、のどのあたりに薬を入れる。舌の手前部分に薬を置くと猫は舌を動かして吐き出してしまうので、なるべく奥に入れることが肝心。

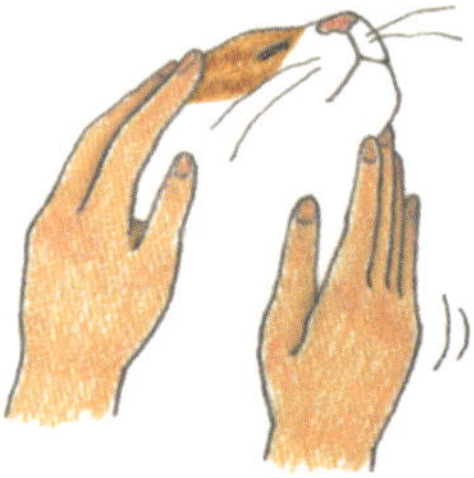

3. 入れたら口を閉めさせて、薬が食道を流れていくのを促すようにのどをさする。

4. スポイトかシリンジ（針をつけていない注射器）で水を飲ませれば確実に薬が胃に入る。特にカプセルはのどや食道にはりつきやすいので、必ず水を飲ませる。

できますが、嫌がって暴れる猫もいます。その場合は、タオルで首から下をくるんでから行うといいでしょう。

　重要なのは、決められた量を確実に飲ませることです。いろいろと試してみて、確実な方法を探しましょう。また猫によって飲ませやすい方法は違います。処方された薬がどうしても飲ませられない場合は、薬の形状を変えることが可能かどうかを獣医師に相談してください。

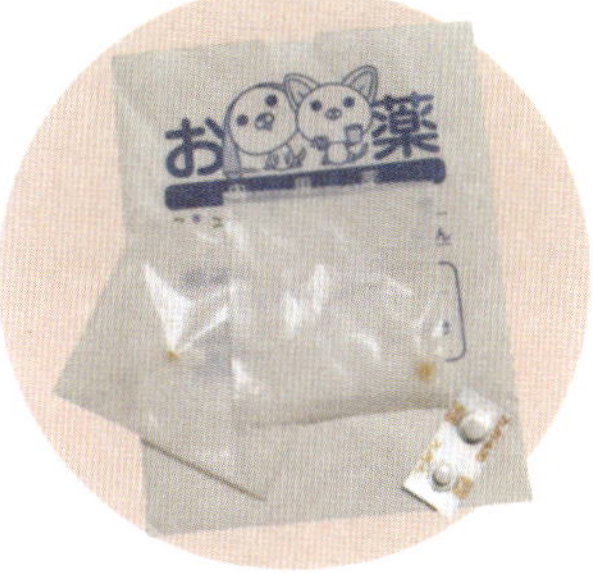

愛猫に飲ませやすい形状の薬を獣医師に相談してみよう。

その他の方法

ペースト状のフードで包む

小さな錠剤やカプセルであれば、ペースト状のフードで包んで食べさせるという方法もある。ひと口で食べられるくらいの小さなダンゴ状にして食べさせる方法だが、猫はにおいに敏感で薬が入っていることに気づいて嫌がることもある。猫が好むにおいや味をつけてペースト状にした投薬補助食品を利用してみるのもよい方法。

<イヌ・ネコ用補助食品 サイペット フレーバードゥ>I

経口投薬器を使う

長いシリンジのような器具で、先端に薬を入れて口の奥に押し出す。

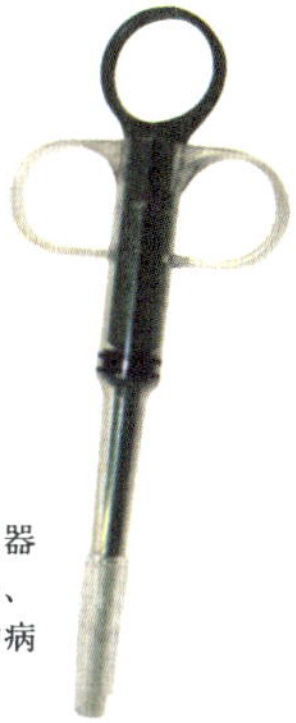

<犬猫用タブレット投薬器Ⅱ>H ※薬事品のため、購入はかかりつけの動物病院にご相談ください

粉状にして与える

錠剤を砕く、またはカプセルの中身を出して、粉薬にして与える方法もある（与え方は次ページ参照）。錠剤はスプーンの背などを使って砕くことができるが、専用の器具（ピルクラッシャー）もある。この場合も投薬補助食品を利用すると成功率が高い。

 ※商品お問い合わせ先は最後のページにあります。商品名のあとのアルファベット部分をご覧ください。

粉薬

水に溶かしシリンジを使って飲ませるか、フードに混ぜ込む方法をとります。

薬の味を嫌がって暴れるようなら、決まった量を飲ませることができませんから、シリンジでの方法は無理です。フードに混ぜ込むしかありません。

ペースト状のフードや投薬補助食品に混ぜて与えるか、あるいは混ぜたものを猫の鼻の頭につけるという方法もあります。鼻の頭に何かがつけば猫は反射的になめるからです。

決められた量を確実に飲ませられるかどうかが大切なポイントであることを忘れずに、いろいろな方法を試してみてください。

●シリンジを使う場合

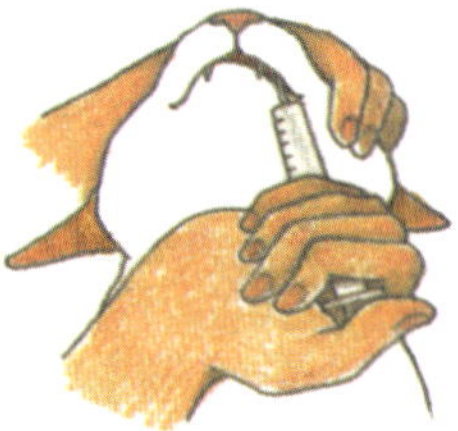

錠剤のときと同じように猫の頭を保定。シリンジはイラストのような形で持つと、水の量が加減しやすい。犬歯の後ろ側にあるすき間にシリンジの先を入れ、舌の上に流し込む。

●フードに混ぜる場合

粉薬をペースト状のフードや投薬補助食品に混ぜ、そのまま食べさせるか、鼻の頭につけてなめさせる。

シロップ（液剤）

粉薬を水に溶いてシリンジを利用するとき（上記）と同じです。シロップに味がついている場合は、楽に飲ませることができます。

column

ユッタリした気分で飲ませるのが最大のコツ

「飲ませなくては」と思う、その緊張感は猫に“殺気”として伝わり身がまえさせます。以後、「やる気」で見ただけで猫が逃げ出すことにもなります。世間話をしながら猫を抱いているときのようなユッタリした気分のまま、飲ませる努力をしてください。ユッタリとした気分を保ちながらも迅速に的確に終わらせる、それが最大のコツです。

目薬

点眼薬と軟膏があります。

軟膏の場合

1. チューブから軟膏を５㎜ほど出してから猫を保定する。

2. 猫の顔を少し上に向けさせ、目尻から薬を入れる。容器が眼球に当たらないよう気をつける。

3. その後、目を閉じさせて軽く押さえ、薬をなじませる。

点眼薬の場合

1. フタをとってから猫を保定する。すばやく終わらせるための工夫。

2. 猫の顔を少し上に向けさせて上まぶたを上に引いて目を開け、頭の方向から薬を垂らす。猫から薬が見えないようにするため。眼球に薬剤の容器が当たらないよう気をつける。

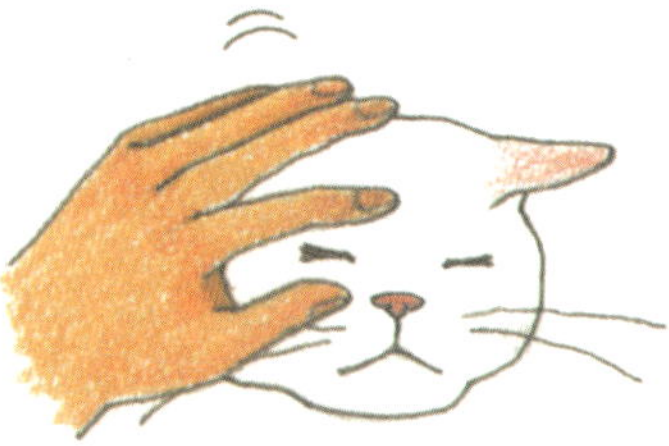

3. 薬を垂らしたらまぶたを閉じて軽くマッサージをし、はみ出した薬をティッシュペーパーなどで優しく拭き取る。

最期の日の迎え方

再度、決断が必要

　通院や入院で治療を続けていて獣医師に「今日、明日でしょう」といわれたとき、飼い主には再度の決断が必要になります。それまで通りに延命治療を続けるのか、痛みを取ることだけを考えてあとは自然にまかせるのか、入院している場合はそのまま入院を続けるのか、家に連れて帰るのかなどの具体的な決断です。

　家に連れて帰る場合は、もし猫が苦しみ始めたときはどうするのかを含めて考えなくてはなりません。飼い主としての希望を獣医師に告げて相談をしてください。獣医師は希望にそって最善の方法を考えてくれるはずです。

　連れて帰りたいと思っても、仕事や家の都合などで叶わない場合もあるでしょう。無理をすることはありません。できる範囲の最善の方法を考えればいいのです。どこにいようと猫を見送ることはできます。たとえそばにいなくても、見送る気持ちに違いはありません。

自宅で看取る場合

　柔らかいベッドをつくり、その上にペットシーツを敷いて猫を寝かせましょう。猫が苦しがらない

猫の最期を自宅で迎えたいのか、動物病院で迎えたいのか、治療はどうするのか。飼い主の決断が必要になる。

なら腕枕で寝かせてもかまいません。ときどき体の向きを変えてやり、失禁していたらシーツを取り換えてください。食事も水も受けつけないなら無理をせず、なでてあげるだけ、話しかけてあげるだけで、もう、そっとしておきましょう。死出の旅を歩き始めた猫はもう誰にも止められないのです。小さな体で自分の一生に終止符を打とうとしている愛猫を、尊敬と感謝の気持ちで見守ってあげることが何より大切なことです。

猫がどんな経過をたどって臨終のときを迎えるのか、獣医師は経験から予想することはできますから、それをもとに事前にアドバイスをしてくれるでしょう。ただ痙攣が始まったりあえいだりという事態が起きることもあるでしょう。そのとき、獣医師に連絡をして意見を聞くことも大切ですが、「自分の選択が間違いだった」と思うことだけはしてほしくありません。そう思えば、また病院に連れて行くことにもなり、結局、その判断をまた後悔することにもなりかねません。

猫の最期を看取った人は、多かれ少なかれ「あのとき、そうするべきではなかったのかもしれない」という思いに襲われるものです。でも、決して自分を責めてはいけないのです。最善の策だと信じてやったこと、よかれと思ってやったことを後悔したら、猫はきっと浮かばれません。最後まで、いえ最後こそ飼い主は強くあってください。強い心で「飼い主であること」をまっとうしてください。

猫が息を引き取ったら

お別れの準備をする

猫が息を引き取ったら、体をきれいにしてあげましょう。目や口が開いている場合は閉じてあげ、濡らしたタオルなどで体を拭きブラシで毛並みを整え、爪が伸びているなら切って、きれいな姿で旅立てるようにしてあげてください。柔らかいベッドに、いつもの寝姿にして寝かせましょう。しばらくの間は鼻や肛門から体液が出ることがありますから、ペットシーツを敷いてください。

遺体の腐敗を防ぐため、季節によっては体の上に保冷剤を乗せ、その上にタオルをかけてください。室温は低めに設定します。

遺体の葬り方によっては柩が必要です。その場合は紙や木の箱などを利用してつくるといいでしょう。燃える材質でフタができるものを用意します。そして死後硬直が始まるまでに足の状態を整えて柩に寝かせてください。死後硬直は、だいたい死後2時間後くらいから始まります。

花や好きだった食べ物などを供えてお通夜をしてあげるのもいいでしょう。いっしょに寝てあげてもかまいません。ただ、早めに見送り方を決め、遺体を家に置くのは2日が限度と考えてください。

「お疲れさま」の気持ちで、いっしょにいられる最後の時間を過ごそう。

遺体の葬り方を決める

遺体の葬り方はいろいろあります。「こうしなくてはならない」というものはありません。お金をかけなくてはならないということでも決してありません。自分に合った納得のいく方法を選びましょう。

1 庭に埋める

自宅に庭があるのなら埋めてお墓をつくるのがいいでしょう。ずっと家族のそばにいることができます。遺体はやがて土になり、草木を育ててくれます。育った葉や花や実が虫や鳥たちを育て子孫を残し続けますから、猫の命は地球の一部として永遠に引き継がれていくことになります。

深さ50cm以上の穴を掘り、そのまま、またはタオルにくるんで埋めてください。ビニールなどにくるむと、いつまでも土に還ることができません。木のそばに埋める場合は、木から1mくらい離れた場所にしてください。木の根元に近すぎると根が枯れる危険性があるからです。

ペット霊園で骨にしてもらって埋める方法もあります。その場合は、個別葬を依頼します（110ページ参照）。

50cm以上の穴を掘って埋めてあげよう。埋めた場所がわからなくならないよう、目印をつくったり、花を植えたりするのもいいだろう。

column

所有地以外に埋めてはダメ

河原や公園など、自分の所有地でないところにペットの遺体を埋めることは法律違反で、処罰の対象になります。自分の所有地がない場合は、必ず火葬にしましょう。

また、所有地であっても、感染症が原因で亡くなった場合や、庭が狭くて隣と近い場合などは、衛生面から火葬にしたほうがいいでしょう。

2 ペット霊園に依頼する

多くのペット霊園が年中無休で24時間の電話受けつけをしていますが、事前に確かめておいたほうがいいでしょう。インターネットやタウンページで探すか、かかりつけの動物病院に紹介してもらってください。葬儀にはいろいろな方法があり、それぞれ料金が違いますから、合わせて考えておくといいでしょう。

合同葬

ほかのペットたちといっしょに火葬し、合同墓や供養塔に埋葬します。複数のペットを同時に火葬しますので、お骨を引き取ることはできません。遺体を柩に入れてください。引き取りに来てもらうこともできます。費用は地域によって幅があり、5千円～2万円ほどです。

個別葬

1頭ずつ個別に火葬する方法で、お骨を引き取ることができます。骨壺に入れて返骨してくれます。費用は1万5千円～2万5千円ほどです。引き取りに来てもらい、お骨を届けてもらうこともできます。引き取りに来てもらう場合は柩に入れてください。霊園までつき添う場合は抱いて行くこともできるはずです。依頼するときに聞いてください。

立ち会いの個別葬

火葬に立ち会う方法です。1頭ずつ火葬炉に入れて火葬をし、お骨上げをします。基本的に人間の場合と同じだと考えればいいでしょう。迎えの車に猫を抱いて乗って行ってください。費用は2万5千円～5万円ほどです。

費用の目安

合同葬
5,000～20,000円

個別葬
15,000～25,000円

立ち会いの個別葬
25,000～50,000円

3 移動火葬車を依頼する

霊園が遠くて行くことが難しい、立ち会いたいという場合は、移動火葬車を利用する方法もあります。家族がそろう夜に全員で葬儀を行いたいという場合にも適しています。自宅まで来て火葬してくれます。無臭、無煙で火葬車であることはわかりませんから、近所に迷惑をかけることもありません。家から少し離れた場所で火葬することもできます。インターネットやタウンページで探し、詳しいことを聞いてください。

行政による移動火葬車両の火葬許可を受けている業者なら安心。写真提供／ペットPaPa

4 自治体に依頼する

自治体に依頼することもできます。手数料は通常2～3千円ですが、自宅まで引き取りに来てもらう場合は別途料金が必要なこともあります。

また自治体によって、ペットの死体を廃棄物として焼却する場合と、ペット霊園などと契約して火葬する場合とがあります。住まいのある自治体がどういう方法をとっているのかを確かめてください。役所に電話をして担当窓口につないでもらい聞いてください。土日や祭日、年末年始は業務を行っていないことも頭に入れておく必要があるでしょう。

どのように見送りたいか、イザというときのために、前もって考えておきたい。

PART. 5

お骨をどうするかはすぐに決めなくていい

先々どうしたいかまで考えて決めたい

個別葬をして帰ってきたお骨を家にずっと置いておく人もいます。それはまったくかまいませんが、将来のことも考える必要があります。若い未婚の人の場合は、結婚後どうするのか、年配の人の場合は自分の死後どうするのか、などです。急いで決める必要はありません。心が落ち着くまでそばに置いて供養をしながら、ゆっくりと考えればいいでしょう。

1 ペット霊園に納骨堂やお墓をつくる

ペット霊園の納骨堂や墓地で供養することもできます。人間の場合と同様、費用はさまざまです。また、毎年の使用料も必要です。好きなときにお参りに行くことができます。将来、永代供養に切り換えることもできます。

2 いっしょにお墓に入る

最近、ペットもいっしょに入れるお墓が増えつつあります。「○○家の墓」に家族の一員として入れます。ネットで検索できます。

3 庭で樹木葬をする

庭にある樹木を猫の眠る場所にする方法です。ツツジなどの低木でもかまいません。愛猫のための木を選んでください。やがて土になり木の栄養となり、地球に還っていくでしょう。

遺体を埋葬するときと同じく、根元から1mほど離れた場所に50㎝以上の深さの穴を掘り、お骨を骨壺から出して埋めてください。お骨を骨壺のまま埋めたら土に還ることができません。

(左)お骨を入れておくための小さなケース。＜クリスタル遺骨入れ＞(右)少量の遺骨を入れ、チェーンを通すことでキーホルダーやペンダントとして身に着けることができるカプセル。＜ディアペット　カラーカプセル＞いずれもJ

4 プランターでの草花葬

　庭はないが猫を土に還してあげたいという場合、プランターを利用することもできます。ただし注意しなくてはならないことがあります。植物の根が骨に当たってしまう植え方をすると、根腐れを起こすのです。深いプランターを選び、樹木ではなく草花を植えるのがいいでしょう。トマトなど実のなるものを植えるのも方法です。

　お骨は、なるべくプランターの端のほうに埋め、お骨の真上には植えないようにしてください。一番底に赤玉を敷き、その上にお骨を置き、その上に腐葉土をかぶせ、その上に配合肥料とともに草花を植えてください。大きなプランターが置けない場合は、いくつかのプランターに分骨しましょう。

5 散骨葬

　最近、自分の死後は散骨して欲しいと希望する人が増えていますが、同時にペットの散骨を望む人も増えてきました。それにともないペットの散骨をしてくれる葬儀社も増えています。海への散骨、山への散骨、空からの散骨などがあります。かなりの費用がかかりますが宇宙への散骨をしてくれる葬儀社もあります。

きれいな花が咲いたり、実がなったりすることで、愛猫と再び会えたような気持ちになれるかもしれない。

※商品お問い合わせ先は最後のページにあります。商品名のあとのアルファベット部分をご覧ください。

PART. 5

見送りが終わったら自分の気持ちに向き合う

愛猫を失った悲しみに向き合う

猫の見送りがすべて終わったら、気持ちの整理をすることを考えましょう。いろんな思いがあることでしょう。でも、その思いにフタをせず、きちんと向き合ってください。その過程で、猫の住み処が飼い主の心の中に変わっていくのです。そして以後、永遠に猫は飼い主の心の中を住み処とするのです。そのための気持ちの整理ですから大切な作業です。

写真を飾る

写真を額に入れて、いつも見える場所にかけるのもいいでしょう。カメラ目線のものを選んでください。写真を見るたびに見つめ合うことができ、心の中で話しかけることができます。季節ごとに写真を入れ換えるのもいいでしょう。パソコンを使って写真入りの月別カレンダーをつくるのも方法です。

クリスタルガラスに写真と文字がプリントできる、オーダーメードの位牌。＜メモリアルクリスタル　プチ＞J

※商品お問い合わせ先は最後のページにあります。商品名のあとのアルファベット部分をご覧ください。

愛猫の思い出アルバムをつくろう

新しい記憶ほど強く残っているものです。闘病が長かった場合、愛猫の記憶は弱っていくばかりの姿だけが強く残っていることでしょう。でも、若くて元気だった時代があるのです。イタズラばかりしていた、かわいらしい時代があるのです。それを思い出してください。そのすべてが、その猫の一生です。一生をまるごと、改めて記憶に残してあげてください。

撮りためた写真でアルバムをつくりましょう。忘れていたさまざまなことが懐かしく思い出されてくるはずです。手のひらに乗るほど小さかった頃のこと、イタズラに皆で大笑いをしたこと、困るほどに甘ったれだったこと、大胆な寝相に思わず笑ってしまったことなどなど。思い出しているうちに、亡くなった猫の記憶が鮮明によみがえります。それが最大の供養であり、また飼い主にとっては愛猫の死を受け入れることにつながるはずです。

デジカメのデータをプリントしてアルバムにする方法もあります。パソコンのアプリを使ってデータでアルバムをつくる方法もあります。日数をかけて丁寧につくりましょう。愛猫との記憶の世界に浸りながらアルバムづくりに専念することで慰められて、前向きな気持ちが生まれてくることでしょう。

思い出アルバムをつくる時間が、気持ちを少しずつ癒やしてくれる。愛猫の死を受け入れる気持ちになれるだろう。

ペットロスを乗り越える

ペットロスとは

ペットロスとは、厳密にいえば死別などで「ペットを失うこと」ですが、一般的にはペットを失った悲しみから立ち直れずにいる状態のことを指します。ペットと人との絆が深くなったゆえに現れ始めた現象です。

ペットとの絆が深く強くなった背景には、ペットが長生きをし始めたことがあります。長い年月をともに暮らせば、それだけ絆は強くなります。またペットが家族の一員としての地位を確立すればするほど家庭内で「子ども」と同じ存在になり、先立たれた気持ちにもなるのです。人より寿命が短いことを頭ではわかっていても、現実としては受け入れがたい、受け入れたくないという心の葛藤なのです。その苦しさに耐えきれず、心身の健康を害してしまう人もいます。

飼い主が不幸になったら猫は浮かばれない

愛猫を亡くしたら悲しいのは当然です。気の済むまで泣いてかまいません。それが正常な反応です。ただ、いつまでも立ち直れず、その結果、健康を害してしまったら、死んだ猫が浮かばれません。

「健康を害す」という不幸の原因が猫を飼ったことになってしまうからです。猫を幸せにし、自分も幸せになるために猫を飼ったはずなのです。だからこそ、その幸せの結果が不幸であってはならないのです。猫と暮らしたことを否定することになってしまいます。それでは猫がかわいそうです。飼い主のことが心配で天国に行くことができないのではないでしょうか。

猫のためにも、必ず立ち直ってください。

１カ月以上経っても立ち直れず、体調をくずして正常な社会生活を送るのが難しいという場合は、カウンセリングを受けることをおすすめします。近くの心療内科に相談してみるのもいいでしょう。「日本ペットロス協会」でカウンセリングを受けることもできます。

日本ペットロス協会

☎044-966-0445
http://www5d.biglobe.ne.jp/~petloss/
※カウンセリングは原則有料

column

身近にペットロスに陥っている人がいたら

とにかく話を聞いてあげましょう。相手がなるべくたくさん話ができるよう配慮をし、心から共感しながら聞いてあげてください。「こうすればいい」というアドバイスなどいりません。ただ聞いて悲しみを共有してあげることが大切なのです。相手は自分の言葉で話すことで徐々に気持ちを整理していくことでしょう。そして自分なりの答えを見いだし、自力で乗り切るときが来るはずです。そのときまで気長に付き合ってあげてください。

PART.5

もう一匹幸せな猫を育てよう

猫を飼うことに後ろ向きにならないで

猫を亡くした人の中には、「猫が死ぬのは辛すぎる。だから、もう二度と猫は飼わない」という人や、「新しい猫を飼ったら亡くなった猫が悲しむ。だから猫はもう飼わない」という人がいます。その気持ちは痛いほどわかります。でも、別の考え方をすることもできます。

猫の一生を担った人は、猫を幸せにする力をもっているということなのです。その力で、もう一匹、猫を幸せにしてあげて欲しいのです。猫は、自分の仲間が自分と同じ幸せを手にすることを嫌がるはずはないと思います。確かに、またいつか猫の死に向き合わなくてはならなくなるのは辛いことですが、その悲しみは猫の幸せを願い実現したからこそ直面するものであり、猫とともに暮らす幸せを知っているからこその悲しみです。その悲しみより、猫と暮らす幸せのほうがずっと大きいはずなのです。亡くなった猫は、飼い主がまた猫とともに幸せになってくれることを望んでいるに違いないと思います。

猫と人との絆の素晴らしさを未来につなげるために

人類が猫を飼い始めたのは今から5千年ほど前だといわれています。野生のリビアヤマネコを飼い馴らし、猫という動物に変えたのです。以後、猫たちの多くは半ノラのような暮らしをしてきました。そして今、やっと家族の一員として大切にされ始めたのです。

猫を飼う人たちは「人類代表」として猫に接し、そして飼われている猫たちは「猫代表」として私たちと接しているのだと思ってください。それぞれの家庭における「代表どうしの付き合い」が人と猫の付き合いの歴史の1コマとなり、将来へとつながっていきます。

もし、「こうしてあげればよかったのにできなかった」という後悔が残っているのなら、それを次世代の猫にしてあげてください。「人類代表」と「猫代表」が実際に暮らしを紡いでいくことで、人と猫との絆の素晴らしさが未来へと確実に伝わるのです。

シニアの猫を引き取るという選択

「自分の年齢を考えると、もう猫は飼えない」という人もいます。猫の寿命が長くなっていることを知っている人なら、そう思うのも無理はありません。

でも、もし、そう思うのならシニアの猫を飼ってください。どんな年になっていても猫は飼い主に懐きます。シニアの猫は病気になる可能性も高いといえますが、猫を見送った経験を生かすこともできるはずです。愛護団体には、シニアゆえに引き取り手のない猫が少なからずいます。そういう猫たちに幸せな老後を実現させてあげてください。

新しい猫を飼うことは、亡くなった猫をないがしろにすることではない。きっとまた、新しい幸せをくれるはず。

年を取った猫は、子猫のようなやんちゃさはない代わり、落ち着いた関係を築くことができる。

Real Voice Report

実際に、老猫の死を看取った
飼い主さんたちの声をお届けします。

アディーちゃん（メス）
享年17歳

子猫のときの病気が原因で右目を摘出。左目もあまり見えていませんでしたが、目が不自由なことを感じさせないほど元気な女の子でした。高橋さん夫婦にとって子どものような存在でした。

Report 1

病気知らずのアディーちゃんに乳腺腫瘍が発覚

甘えるときはそばに来て腹ばいになり「ウニャ！」とひと声。それが、アディーちゃんから高橋さんへの「背中なでて」の合図でした。

「一度でも、仰向けになって『おなかをなでて』とやってくれれば、もっと早く腫瘍に気づけたのに……」と、高橋さんは今も悔やみます。

病気知らずのアディーちゃんに乳腺腫瘍が発覚したのは、17歳の冬。もちろん、若いうちに不妊手術は終えていました。悩んだ末、摘出手術を決心。幸い手術は無事成功しました。

春を迎えて、食欲も増え体調も落ち着いたと思われた頃、突然アディーちゃんに異変が表れます。絶叫、徘徊、排泄の粗相……。食欲も落ち、体重も2kgまで減ってしまいました。

なぜこんな急変が？　そんな疑問を抱えながら動物病院で受けた再検査。そこで見せられたレントゲン写真には、本来なら黒く映るはずの肺の部分に、たくさんの白い影が浮かんでいました。肺に転移していたのです。

動物の〝生きる本能〟を見せつけられた最期

それまで情報収集のために、猫の闘病記などを読んでいた高橋さん。アディーちゃんの余命がもう長くないことを悟りました。飼い主として最後の務めを果たそうと決心します。

「安楽死は選択しませんでした。動物は最後の最後まで生きようとする。それに付き合おうと思いました」

自宅でデザインの仕事をしていた高橋さん。「一日中アディーのそばにい

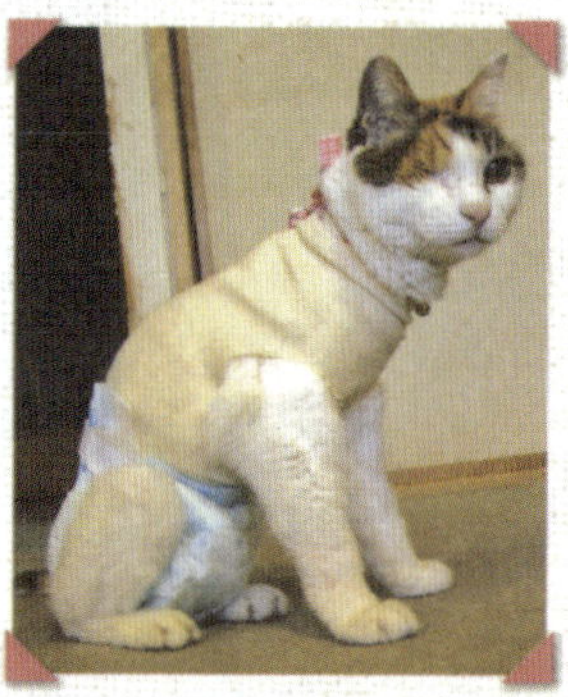

おなかの手術跡をなめてしまうため、急きょ紙おむつで防ぎました。

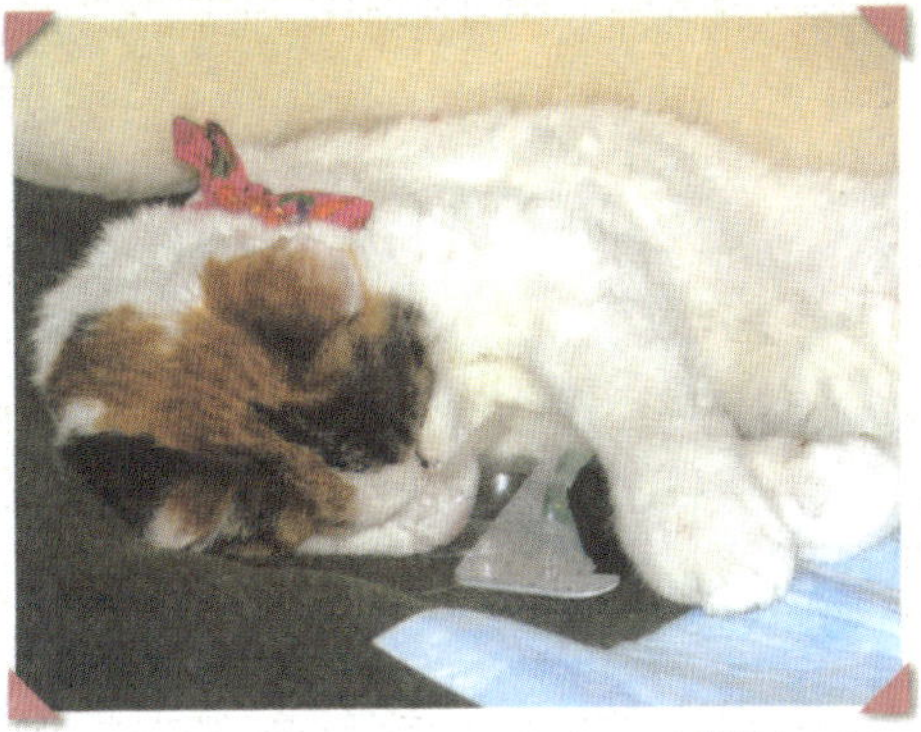

自宅で酸素吸入器を使用しました。高橋さんがペットボトルを切ってお手製の酸素マスクを製作。アディーちゃんは酸素マスクがずれると自分でたぐりよせたそう。

ることができてラッキーだった」と語ります。リビングでアディーちゃんとともに寝起きし、ごはんやトイレ、輸液などの世話を続けました。

ある日、ほとんど寝たきりになったアディーちゃんの寝床に目をやると、姿がありません。「アディー！」家の中を探すと、自分の食卓トレイのそばに倒れこんでいました。前足をカリカリの中に突っ込み、頭は飲み水をかぶって濡れています。抱きかかえようとしたとき、倒れたままオシッコを漏らしたアディーちゃん。「17年間愛用したトレイの中でオシッコした姿を見て、さすがに涙が出ました」。

そして迎えた最期のとき。痙攣が続き、時折足を突っ張らせてのけ反る、という辛い時間が続きました。痙攣の波は徐々に大きくなっていきます。「アディー、もうがんばらなくていいからね」。そんな言葉に抵抗するかのように、緊張の時間は何日も続きました。「野生の〝生きる本能〟というのはこれほどまでに凄まじいものなのかと思い知らされました」。日一日とボロ雑巾のようになっていくアディーちゃんをただ見ていることしかできず、心身ともに疲労していった高橋さん。6日目にアディーちゃんが天国に旅立ったときは、正直ほっとしたという気持ちがあったそうです。

「自宅で家族とともに見送れたからよかった。最期は、子猫のようなかわいらしい顔をしていました」

(右)高橋さん家に今もある「アディーちゃんスペース」。アディーちゃんへの愛が伝わってきます。(左)アディーちゃんが亡くなって一年後に縁あってやってきた花火ちゃん。高橋さん夫婦に新たな喜びをもたらしてくれました。

ちょうじろうくん（オス）
享年11歳

本書でイラストを担当してもらった小泉さよさんの飼い猫。体の大きな男の子で、おっとりした性格。みんなの人気者でした。

Report 2

最愛の猫にがんが発覚。頭の中が真っ白に

小泉さよさんが「恋人以上の存在」と言って愛してやまないちょうじろうくんに腫瘍が見つかったのは、ちょうじろうくんが10歳の夏でした。腫瘍のある場所は下腹の乳首。オスでは珍しい乳腺腫瘍でした。

すぐに摘出手術を行い、無事に成功。高齢での手術でしたが体調も徐々に回復し、胸をなでおろしました。

ひとつだけ気がかりだったのが、術後の排便の様子。トイレで長時間がんばっても、細くて少ないウンチしか出ません。手術の影響か便秘かもと、しばらく様子を見ていましたが、一向に治る気配が見られません。

不安に思ってかかりつけの病院で再検査を受けると、肛門の中にしこりが見つかりました。「これはうちでは調べられないから」と紹介された大学病院で精密検査を受けると、骨盤の内側にがんの転移が発覚。しかも進行は早く、手術をしても完治する見込みはほぼないとのことでした。途方にくれ、泣き続けた小泉さん。どうすればいいか、わかりませんでした。

（上）術後服を着たちょうじろうくん。（左）きょうだい猫のらくちゃんに毛づくろいされて幸せ。

ちょうじろうくんと小泉さんの息子・そうすけくん。いっしょにベビーベッドで仲よくおねんね。

できるだけのことをしつつ自然にまかせて

選択肢は、いくつかありました。完治することはないにしても手術をし、腫瘍を小さくして便通をよくする。抗がん剤治療をする。人口肛門をつけるという案もありました。家族でたくさん話し合いました。

考えた末、「手術も、抗がん剤治療もしない。このまま自然にまかせよう。そして、ちょうじろうが辛くないように、できることはすべてしてあげよう」と決めたのです。

食が細くなったちょうじろうくんに流動食とミルクを与え、排便がしやすいよう下剤を投与。一時はオシッコも出なくなってしまったため、カテーテルで採尿するという処置も自宅で行いました。

骨盤がだんだんと溶けていってしまうため、ちょうじろうくんはだんだんと歩けなくなっていきます。小泉さんはオムツをさせ、時間を見計らってトイレに連れて行き、ウンチのあとはおしりを洗いました。自分で移動できないちょうじろうくんの代わりに、暑そうか寒そうかで寝場所を移動させました。

「オムツを替えて、ミルクを飲ませて……。まるで赤ちゃんを育てているような気持ちでした。人間も同じかもしれませんが、最後は赤ちゃんに返っていくのかもしれませんね。そんな赤ちゃんみたいなちょうじろうがとても愛おしくて、不思議と穏やかな日々でした」

幸い、痛みはなかったようで、苦しむことはなかったというちょうじろうくん。温和な性格そのままに、穏やかな顔のままだんだんと小さくなっていき、最期は小泉さんの腕の中で天国へ旅立ちました。11歳と10か月、季節は春になっていました。

溺愛していただけに、いなくなったら耐えられないのではと恐れていましたが、「最後までやりきった」からか、ペットロスは少なくて済んだそう。

「ちょうじろうの存在はだれにも代えられない。今もとても愛しています」

小泉さよさん宅のちょうじろうくんスペース。今はちょうじろうくんの写真にキスしながら話しかけているそう。

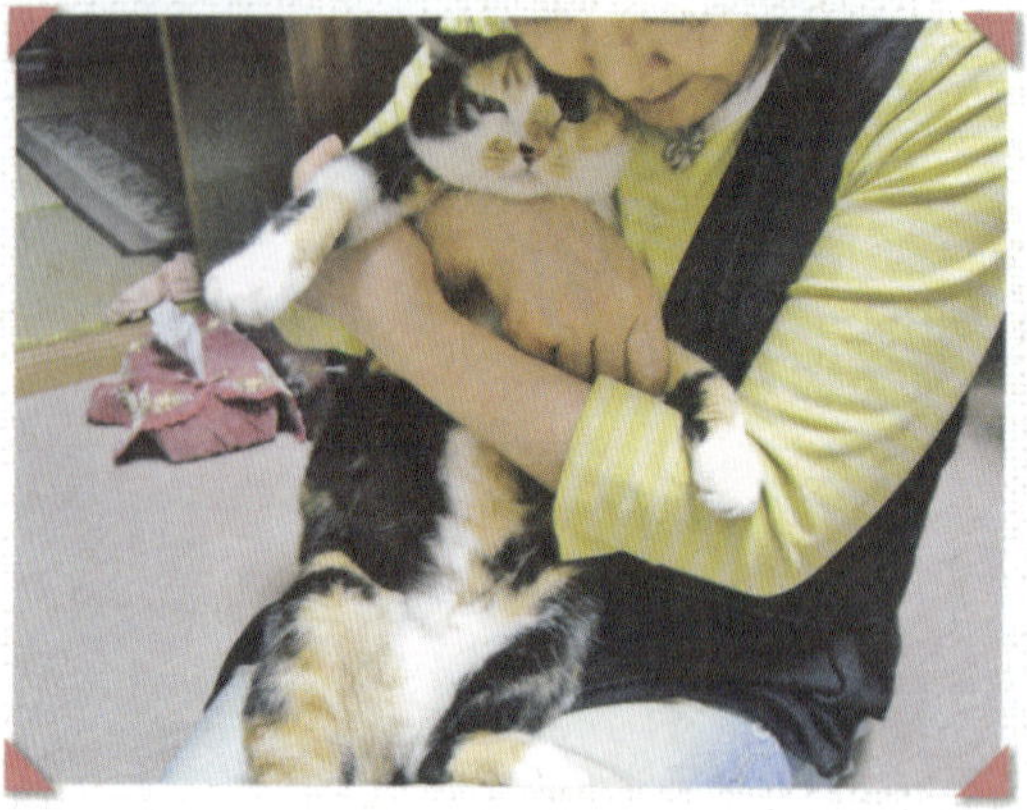

さくらちゃん（メス）
享年20歳

子猫のとき、知り合いからもらった三毛猫。富田さんが仕事から帰ってくる30分前に玄関まで出迎えに来る、賢い子でした。

Report 3

最後まで自分でトイレに。立派な猫でした

「それまでは犬ばかりで、猫を飼うのはさくらが初めて。28歳からの20年間、そばにいてくれました」

病気知らずのさくらちゃんが下血したのは、17歳のとき。慌てて病院に連れて行くと、腎不全とわかりました。「治療をしたらすぐに元気を取り戻して。そのとき獣医さんに『あと3年は大丈夫』と言われました」

そして実際にその3年後の20歳の春、さくらちゃんは食事を受けつけず、水しか飲まない状態に。トイレにはよろけながらも自力で行くのが気丈でした。

18歳のとき、長寿の猫として区からもらった表彰状。

その一週間後。富田さんはさくらちゃんのことが気になりながらも、以前からの約束で友人と外出。すると、家にいた家族から連絡が来ます。「今、さくらが亡くなったよ」。友人には急用ができたと言って戻ると、さくらちゃんが静かに息を引き取っていました。「最期はすーっと眠るように逝ったそうです。最後まで手のかからない、あっぱれな子でした」

翌日火葬したお骨には、20歳とは思えない立派な歯が残っていたそう。「毎日、歯ブラシで磨いてあげていたから。歯ブラシを手に持つと、喜んで寄ってくるんです。あの子を飼ったことで、猫ってこんなに賢いんだと知りました」

富田さんが帰宅すると部屋まで先導したというさくらちゃん。

Report 4

幼い頃から猫との別れをいくつも経験

猫好きの太田さん一家。長男の海音《かいと》くんが生まれたとき、家にはすでに小鉄くん、ソラちゃん、アンポンタンくんの3匹の猫がいました。

幼い海音くんにとって、猫はよき遊び相手でした。海音くんが幼稚園に出かけるときには小鉄くんが道の途中までお見送りするなど、仲のよいきょうだいのように育ちました。

海音くんが5歳のとき、16歳の小鉄くんが老衰で息を引き取ります。海音くんにとって最初のお別れでした。海音くんは幼稚園でずっと泣いていたそう。

小学6年生のときには、21歳になるアンポンタンくんが家から脱走。

「区役所に問い合わせたり、迷い猫のチラシをつくったり、学校に『見つけたら教えてください』と頼んだり。僕もあちこち探して手を尽くしたけど、とうとう見つからなかった……」

あのまま飼っていたらもっと長生きできたはず……と、今でも悔やまれる別れだったと言います。

そして小学6年のときには、ソラちゃんががんで天国へ。3匹の猫たちは今、同じペット霊園で安らかに眠っています。

「猫との別れは辛いけど、『もう二度と飼いたくない』とは思いません。いつか僕が大人になったら、やっぱり猫を飼いたいです」

太田家には現在、4匹の猫がいます。海音くんが保護団体からもらってきた子、飼い主が亡くなり引き取った子など、みんな太田家の愛に包まれて幸せそうです。

アビシニアンの小鉄くん(左)と、茶トラのアンポンタンくん(右)。アンポンタンくんは子猫のとき保護した子で、最初は飼うつもりがなかったため愛着のわかない名前をつけたものの、やはり飼うことにしたそう。

小鉄くん(オス)享年16歳
ソラちゃん(メス)享年16歳

小鉄くんはペットショップで売れ残っていたアビシニアンで、ソラちゃんは近所で保護した猫。左の写真は太田家・長男の海音くんと、現在の飼い猫チーコちゃん。

おわりに

25年ほど前、猫を行方不明のまま亡くしました。まだ室内飼いが今ほど普及していない時代で、かつその猫は縁側から上がり込んで、そのまま居ついた猫でした。何度か室内飼いに変えようとしましたが無理でした。そして、ある日、家に帰って来なかったのです。

考えられる限りの方法で探しましたが結局、見つかりませんでした。1カ月後、「どこかで死んだのだ」と無理矢理、自分に言い聞かせ、無理矢理、気持ちに区切りをつけました。そのときに、「飼い主にとって、そばで死んでくれることがどんなに幸せなことか」と切実に思いました。「私は飼い主として、やり残したことがある」とも思いました。

だから、動物病院に保護されていた猫を引き取り、「必ず室内飼いにする」、「死ぬときは必ずそばにいる」と自分に誓いました。その猫は、18歳の誕生日を目前にして私の腕の中で逝きました。数年前から腎不全で薬を飲んでいましたから覚悟はしていました。そして見るからに衰えてきても輸液も点滴もしませんでした。苦しんでいるとは思えませんでしたし、生をまっとうし命の火を自然界の流れとして消そうとしていることに抗う権利は私にないと思ったからです。

亡くなったとき、寂しさは感じましたが悲しくはありませんでした。世界一幸せな猫として生きて一生を閉じたと私は信じています。

今、うちには16歳と8歳の猫がいます。そう遠くない将来、また猫を看取らなくてはならないでしょう。でも私は今でも、猫のそばで最期を看取れることは幸せなことだと思っています。「死ぬときは必ずそばにいるからね」、いつもそう思いながら猫たちとの一日一日を大切にしています。

加藤由子

［著者］
加藤由子（かとう　よしこ）
日本女子大学で生物学（動物行動学）を専攻。ヒトと動物の関係学会監事。動物関係のライター、エッセイストとして幅広く活動。著書に『幸せな猫の育て方』（大泉書店）、『ネコを長生きさせる50の秘訣』（ソフトバンククリエイティブ）、『雨の日のネコはとことん眠い』（ＰＨＰ研究所）、『きょうも猫日和』（幻冬舎）など多数。

［絵］
小泉さよ（こいずみ　さよ）
東京芸術大学大学院日本画修了。主に猫を描くフリーイラストレーター。著書に『もっと猫と仲良くなろう！』（KADOKAWA）、『まったりゆるゆる猫日記』（学研）、『暮らしをもっと豊かにする七十二候の楽しみ』（世界文化社）など。

［STAFF］
カバー&本文デザイン　IVNO design
DTP　ZEST
編集協力　富田園子
写真協力　ごとー、モリー　ほか
医学監修　井本動物病院

［商品お問い合わせ先］
A　ファンタジーワールド
☎06-6747-1112　http://www.fanta.co.jp/
B　ドギーマンハヤシ
0120-086-192　https://www.doggyman.com/
C　日本ヒルズ・コルゲート
0120-211-311　http://www.hills.co.jp/
D　クロス・クローバー・ジャパン(nekozuki)
☎019-601-7892　http://kurokuro.jp/
E　ペッツルート
☎072-997-8561　http://www.petz-route.co.jp/
F　東京エンゼル本社
http://www.angelgroup.co.jp/
G　シンワ測定
0120-666899　http://www.shinwasokutei.co.jp/
H　富士平工業
☎03-3812-2272　http://www.fujihira.co.jp/
I　ミネルヴァコーポレーション
☎042-935-7911　http://www.minerva-corp.jp/
J　ツームワン(ディアペット)
☎048-661-2100　http://pet-inori.com/

猫とさいごの日まで
幸せに暮らす本
2015年7月10日　初版
2024年2月22日　7版

著　者　加藤由子

発行者　鈴木伸也

発行所　株式会社大泉書店
〒105-0001　東京都港区虎ノ門4-1-40
江戸見坂森ビル4F
電話　03-5577-4290（代表）
FAX　03-5577-4296
振替　00140-7-1742
URL　http://www.oizumishoten.co.jp/

印刷・製本　図書印刷株式会社

ISBN978-4-278-03958-0　C0076　R65